Mélusine Larivière

Les anticorps monoclonaux dans le domaine de la santé

Mélusine Larivière

Les anticorps monoclonaux dans le domaine de la santé

La révolution biotechnologique au service de la médecine humaine

Presses Académiques Francophones

Impressum / Mentions légales
Bibliografische Information der Deutschen Nationalbibliothek: Die Deutsche Nationalbibliothek verzeichnet diese Publikation in der Deutschen Nationalbibliografie; detaillierte bibliografische Daten sind im Internet über http://dnb.d-nb.de abrufbar.
Alle in diesem Buch genannten Marken und Produktnamen unterliegen warenzeichen-, marken- oder patentrechtlichem Schutz bzw. sind Warenzeichen oder eingetragene Warenzeichen der jeweiligen Inhaber. Die Wiedergabe von Marken, Produktnamen, Gebrauchsnamen, Handelsnamen, Warenbezeichnungen u.s.w. in diesem Werk berechtigt auch ohne besondere Kennzeichnung nicht zu der Annahme, dass solche Namen im Sinne der Warenzeichen- und Markenschutzgesetzgebung als frei zu betrachten wären und daher von jedermann benutzt werden dürften.

Information bibliographique publiée par la Deutsche Nationalbibliothek: La Deutsche Nationalbibliothek inscrit cette publication à la Deutsche Nationalbibliografie; des données bibliographiques détaillées sont disponibles sur internet à l'adresse http://dnb.d-nb.de.
Toutes marques et noms de produits mentionnés dans ce livre demeurent sous la protection des marques, des marques déposées et des brevets, et sont des marques ou des marques déposées de leurs détenteurs respectifs. L'utilisation des marques, noms de produits, noms communs, noms commerciaux, descriptions de produits, etc, même sans qu'ils soient mentionnés de façon particulière dans ce livre ne signifie en aucune façon que ces noms peuvent être utilisés sans restriction à l'égard de la législation pour la protection des marques et des marques déposées et pourraient donc être utilisés par quiconque.

Coverbild / Photo de couverture: www.ingimage.com

Verlag / Editeur:
Presses Académiques Francophones
ist ein Imprint der / est une marque déposée de
OmniScriptum GmbH & Co. KG
Heinrich-Böcking-Str. 6-8, 66121 Saarbrücken, Deutschland / Allemagne
Email: info@presses-academiques.com

Herstellung: siehe letzte Seite /
Impression: voir la dernière page
ISBN: 978-3-8416-3324-8

Copyright / Droit d'auteur © 2015 OmniScriptum GmbH & Co. KG
Alle Rechte vorbehalten. / Tous droits réservés. Saarbrücken 2015

Remerciements

Je tiens à remercier ma directrice de thèse, le Dr Gisèle Clofent-Sanchez, d'avoir accepté de m'encadrer, de ses conseils, de sa gentillesse et de son amitié.

Je remercie également les membres de mon jury, présidé par le Pr Jean-Michel Mérillon et composé du Dr Christophe Sirac et de Mme Floriane Lissart.
Les membres de la Société de Pharmacie de Bordeaux, pour m'avoir fait l'honneur de récompenser ce travail.

Les Dr Christophe Sirac et Jean-François Haeuw, à qui je dois mon intérêt pour les anticorps.

On choisit ses copains, mais rarement sa famille. Cependant, je n'échangerais pas la mienne contre tous les barils d'Omo. Pour m'avoir transmis l'amour des bonnes choses et le goût d'en profiter, pour supporter mes sautes d'humeurs et mes lubies, pour votre amour et votre soutien, merci les zours.
A mes géniteurs, qui se disputent la non-responsabilité de mon humour souvent approximatif, alors qu'ils m'ont servi d'exemple déplorable pendant toutes ces années :) Merci de m'avoir appris à sauter dans les flaques au mépris du qu'en dira-t-on.
A mon frère, pour avoir tout partagé et toujours été présent, même quand je ne le méritais pas vraiment. Pour ce rire inexorable qui a souvent failli nous tuer, parfois sans même que qui que ce soit n'ait compris quoi que ce soit. La magie du direct.
Pour ma sœur, imprévisible, incontrôlable, incompréhensible et adorable. Si on te demande ce que tu veux être quand tu seras grande, réponds comme John Lennon : heureuse.

A mes formidables amis, car s'il est vrai qu'on n'a que ce qu'on mérite, alors vous êtes ma plus belle réussite. Pharmacie oblige, cette thèse est particulièrement dédicacée à mes pounaches d'amour. Big up pour toi Flo, jurée intransigeante qui me gratifie néanmoins de ton indéfectible amitié et m'accompagne -avec un enthousiasme que je soupçonne d'être apparenté au syndrome de la décharge- dans toutes mes aventures. Merci

En mémoire de ceux qui sont partis on ne sait où, en laissant un grand trou. C'était pas très malin.

Il était une fois...

Table des matières

Index des abréviations..9
I. Introduction..11
II. Rappels d'immunologie...13
    1. Le système immunitaire...13
        a. Les barrières anatomiques..13
        b. L'immunité innée...14
        c. L'immunité acquise..14
    2. Acteurs de l'immunité..15
        a. Les organes..17
        b. Les lymphocytes..18
    3. Les anticorps..22
        a. Structure..22
        b. Synthèse et diversité..24
        c. Fonctions...28
        d. Spécificités..29
III. Origine des anticorps monoclonaux..30
    1. Découverte des Ac...30
    2. Historique de leur utilisation...31
    3. Méthodes d'obtention des Acm...32
        a. Méthode de l'hybridome...33
        b. Phage display..35
        c. Souris transgéniques...38
    4. Modifier un Acm..41
        a. Région Fv : CDR grafting...41
        b. Resurfacing...42
        c. Fc engineering...43
        d. Ac couplés..44

  e.Fragments d'Ac et protéines de fusion...........45

 5.Ac thérapeutiques actuels...........46

IV.Applications des Acm à la santé humaine...........51

 1.Utilisations diagnostiques...........51

  a.In vitro...........51

  b.In vivo...........52

 2.Applications thérapeutiques...........54

  a.Acm nus...........54

  b.Acm conjugués...........56

  c.Fragments d'Ac...........57

  d.Protéines de fusion...........58

  e.Intrabodies...........59

V.Économie et législation...........61

 1.Le marché des biotechnologies...........61

 2.Les coûts de développement...........62

 3.La législation...........66

  a.Définition d'un anticorps monoclonal...........66

  b.Recommandations concernant le développement des Acm...........67

  c.Recommandations pour la production...........68

  d.Caractérisation et spécifications...........70

VI.Conclusion et perspectives...........72

Index bibliographique...........75

Index des illustrations

Illustration 1: Représentation schématique des lignées de cellules immunitaires.......16

Illustration 2: Mécanisme d'activation des lymphocytes T (Thaiss et al. 2011)..........19

Illustration 3: Structure schématique du récepteur BCR (d'après www.imgt.org)......20

Illustration 4: Les étapes schématiques de différenciation d'un lymphocyte B (d'après www.imgt.org)................21

Illustration 5: Structure d'une immunoglobuline (modifié à partir de : www.imgt.org) 23

Illustration 6: Gènes germinaux d'immunoglobulines et leur localisation chromosomique (d'après www.imgt.org)................24

Illustration 7: Diversité combinatoire des immunoglobulines (d'après www.imgt.org). 26

Illustration 8: Classes et sous-classes d'immunoglobulines (d'après Batteux et al. n.d.) 28

Illustration 9: Structures schématiques des IgG dépourvues de chaînes légères de camélidés (d'après Hamers-Casterman et al. 1993)................29

Illustration 10: Les différentes natures d'anticorps entiers utilisés en thérapeutique. .32

Illustration 11: Les méthodes d'obtention des Acm en fonction de leur degré d'humanisation (d'après Brekke & Sandlie 2003)................33

Illustration 12: La technique de l'hybridome (d'après Köhler & Milstein 1975)........34

Illustration 13: Représentation simplifiée de la technique du "phage display"..........36

Illustration 14: Obtention d'une souris transgénique produisant des Ig humaines (Jakobovits et al. 2007)................40

Illustration 15: Les différents fragments d'anticorps pouvant être obtenus par bioingénierie (d'après Holliger & Hudson 2005)................45

Illustration 16: Principe du test de grossesse en bâtonnet................51

Illustration 17: De la molécule au médicament : les grandes étapes du développement (modifié d'après www.gsk.fr)................62

Illustration 18: Validation du procédé de production des Acm..........................69

Illustration 19: Dispositions concernant la caractérisation des Acm..........................70

Illustration 20: Essais à réaliser sur la substance active..........................71

Index des tables

Tableau 1: Fonctions et localisation des cellules immunocompétentes..........................17

Tableau 2: Acm actuellement en phase 3 de développement ou récemment approuvés.
..........................46

Index des abréviations

AA	Acide Aminé
Ac	Anticorps
Acm	Anticorps monoclonal
ADCC	Antibody Dependent Cell-mediated Cytotoxicity ou Cytotoxicité à médiation cellulaire dépendant de l'anticorps
ADN	Acide DésoxyriboNucléique
Ag	Antigène
AMM	Autorisation de Mise sur le Marché
BCR	B Cell Receptor
CDC	Complement Dependent Cytotoxicity ou Cytotoxicité dépendant du complément
CDR	Complementarity Determining Region
CH	Constant Heavy ou domaine constant des chaînes lourdes
CL	Constant Light ou domaine constant des chaînes légères
CSH	Cellule Souche Hématopoïétique
CSL	Cellule Souche Lymphoïde
CSM	Cellule Souche Myéloïde
EMA	European Medicines Agency ou Agence européenne du médicament
Fab	Fragment antigen binding ou fragment se liant à l'Ag
Fc	Fragment cristallisable
FcR	Récepteur au fragment cristallisable
FcRn	Récepteur néonatal au fragment cristallisable
FDA	Food and Drug Administration
FR	Framework ou régions charpente de l'Ac situées à proximité immédiate des CDR
Fv	Fragment variable
H	Hinge ou charnière
HPRT	Hypoxanthine-Guanine Phosphoribosyl-Transférase
ICH	International Conference on Harmonisation of Technical Requirements for Registration of Pharmaceuticals for Human Use

Ig	Immunoglobuline
IgA	Immunoglobuline de classe A
IgD	Immunoglobuline de classe D
IgE	Immunoglobuline de classe E
IgG	Immunoglobuline de classe G
IgM	Immunoglobuline de classe M
IL-10	Interleukine 10
ITAM	Immunoreceptor Tyrosine-based Activation Motif
K	Chromosome
kDa	kilo Daltons (mesure de masse moléculaire)
LB	Lymphocytes B
LT	Lymphocytes T
Mds$	Milliards de dollars
Mln$	Millions de dollars
NK	Natural Killer (lymphocyte)
PAMP	Pathogen Associated Molecular Patterns
PEG	PolyEthylène Glycol
PRR	Pathogen Recognition Receptors
R&D	Recherche et Développement
scFv	simple chaîne Fragment variable
TCR	T Cell Receptor
TLR	*Toll*-like Receptor
TNF	Tumor Necrosis Factor
TK	Thymidine Kinase
VH	Variable Heavy ou domaine variable des chaînes lourdes
VL	Variable Light ou domaine variable des chaînes légères

I. Introduction

Le marché mondial du médicament est en perte de vitesse, avec une croissance mondiale estimée à seulement 4 % en moyenne ; en France, ce marché est entré en récession en 2012 (Bohineust 2012).

Ce repli concerne principalement les molécules d'origine chimique qui souffrent d'un manque d'innovation, de la perte de brevets et de l'ouverture à la concurrence des génériques, en particulier dans les pays émergents. Quand ce système existe, le déremboursement de nombreuses molécules influence également la consommation médicamenteuse. Il devient de plus en plus difficile de trouver un nouveau médicament et de prouver son efficacité ; les laboratoires propriétaires, considérant que la nouveauté ne sera pas rentable, se contentent souvent de prolonger la durée de vie des traitements existant en proposant des améliorations galéniques, destinées à améliorer la tolérance ou à faciliter l'observance du traitement par le patient.

Cependant, les avancées scientifiques et techniques dans le domaine de la biologie et de la génétique ont permis de créer de nouveaux médicaments qui bénéficient d'un marché extrêmement dynamique. Ce sont les protéines recombinantes, qui ont pris leur essor lorsqu'il a fallu pallier l'utilisation des hormones de croissance d'origine animale.

Les anticorps ont bénéficié de ce développement. Depuis 40 ans, leur synthèse est maîtrisée et suscite tous les espoirs. Leur champ d'application semble illimité : cancérologie, pathologies cardio-vasculaire, immunologie, infectiologie et plus récemment maladies métaboliques et neurologiques.

Nous présenterons tout d'abord quelques rappels concernant l'immunité et la mise en place de la réponse aux pathogènes, l'origine des anticorps et l'historique de leur utilisation à travers les âges pour soulager les malades. Puis nous décrirons les technologies qui ont permis leur synthèse et celles qui permettent aujourd'hui de continuer à les améliorer ; nous nous intéresserons particulièrement aux derniers nés de la recherche. Nous discuterons de quelques exemples de leurs nombreuses applications en diagnostic et en thérapeutique, sous forme intacte ou modifiée. Enfin nous montrerons l'intérêt économique qui préside à leur développement, leur place sur le marché de la santé et nous résumerons les exigences réglementaires qui leur sont applicables.

II. Rappels d'immunologie

1. Le système immunitaire

Le système immunitaire correspond à l'ensemble des tissus et molécules de l'organisme qui permettent à celui-ci de se défendre contre des agents étrangers, susceptibles de menacer son bon fonctionnement ou sa survie. Les cellules de l'immunité circulent au sein des organes lymphoïdes disséminés dans l'organisme et entre ceux-ci via le sang et la lymphe. Les communications entre ces acteurs se font par contact direct récepteur-ligand ou par le biais de molécules sécrétées circulantes, des médiateurs appelés cytokines. La réaction coordonnée de ces tissus (organes, cellules) et médiateurs construit la réponse immunitaire, conditionnée par la reconnaissance d'antigènes (Ag) étrangers, ou plus précisément par la distinction fine entre antigènes du soi et antigènes du non-soi.

L'immunité est constituée de plusieurs lignes de défense.

a. Les barrières anatomiques

Dans un premier temps, l'entrée des agents étrangers est empêchée ou ralentie par les barrières physiques que sont la peau et les muqueuses. L'action de ces dernières est renforcée par les sécrétions : sueur, mucus, ainsi que par la présence de la flore commensale.

La desquamation de l'épithélium, les mouvements ciliaires et péristaltiques, le mucus, les larmes et la salive sont autant de mécanismes permettant de piéger, de déloger les pathogènes et nettoyer les épithéliums. Il existe également une activité chimique liée aux sécrétions corporelles, via le pH et les enzymes, notamment les lactoperoxydases et le lysozyme. Enfin, la flore commensale de la peau et du tube digestif prévient leur colonisation par des bactéries pathogènes, d'abord par la compétition pour les nutriments et pour l'adhésion aux surfaces cellulaires, mais aussi par la sécrétion de substances toxiques.

b. L'immunité innée

Également appelée naturelle ou naïve, c'est une réponse immédiate, constitutive, non spécifique de l'agent étranger. L'immunité innée comprend des mécanismes humoraux (médiateurs) et cellulaires, c'est une réponse inflammatoire.

Parmi les facteurs humoraux, le système du complément est primordial dans la réponse non-spécifique, il permet d'augmenter la perméabilité vasculaire, de recruter les cellules phagocytaires et de déclencher la lyse et l'opsonisation des bactéries, par exemple. D'autres facteurs humoraux peuvent intervenir, comme le système de la coagulation, des cytokines et des enzymes libérées par les cellules à proximité.

La réponse cellulaire repose sur la reconnaissance du non-soi via notamment les récepteurs appelés Pathogen Recognition Receptors (PRR). Portés par les cellules de l'immunité innée, ils sont capables de reconnaître les motifs Pathogen Associated Molecular Patterns (PAMP) présents sur les agents pathogènes. Les PRR ont d'abord été découverts dans les plantes (Song et al. 1995), puis chez la drosophile où la description de ces récepteurs (Lemaitre et al. 1996), appelés Toll, vaudront un prix Nobel à Jules Hoffman et son équipe en 2011. D'autres molécules conditionnent la définition du non-soi, comme par exemple le complexe majeur d'histocompatibilité (CMH), impliqué dans les rejets de greffe (Benichou et al. 2011; D'Orsogna et al. 2013). Les molécules du CMH, ou human leucocyte antigen (HLA) chez l'homme, sont des protéines transmembranaires qui jouent un rôle clé dans la réponse immunitaire adaptative de tous les Gnasthostomata (vertébrés à mâchoires), en présentant des peptides issus de protéines endogènes ou exogènes aux récepteurs des lymphocytes T (Lefranc et al. 2015).

c. L'immunité acquise

L'immunité acquise ou adaptative est spécifique d'un antigène (Ag). Les anticorps (Ac) synthétisés par les lymphocytes reconnaissent un épitope unique, mais un antigène est généralement composé de plusieurs épitopes.

Lors de l'entrée du pathogène dans l'organisme, l'immunité innée intervient de manière immédiate, alors que la mise en place de l'immunité adaptative nécessite environ 4 jours. Cette réponse est limitée dans le temps et permet l'éducation du système immunitaire par la génération de lymphocytes mémoires. Ses acteurs sont les lymphocytes B (LB) et lymphocytes T (LT) : les LT sont responsables de la réponse cellulaire et la coopération entre les LT et LB coordonne la réponse humorale.

Le bon déroulement de la réponse immunitaire repose sur une interaction étroite entre immunité innée et adaptative ainsi que sur la coopération cellulaire. L'organisation du système immunitaire en réseau de communication lui confère 3 propriétés essentielles : 1/ une importante capacité d'échanges d'informations, via des contacts intercellulaires ou des médiateurs solubles ; 2/ une forte régulation permettant de préserver l'homéostasie et de prévenir toute perturbation qui serait à l'origine de graves pathologies (maladies auto-immunes, hypersensibilités) ; 3/ un rôle effecteur performant afin de protéger l'intégrité de l'organisme.

2. Acteurs de l'immunité

Les cellules dites immunocompétentes sont nombreuses, diverses et proviennent toutes d'un précurseur commun, la cellule souche hématopoïétique, pluripotente. L'Illustration 1 présente ces différentes cellules et les lignées dont elles dérivent. On peut noter que d'autres acteurs jouent un rôle secondaire dans l'immunité : les cellules épithéliales et endothéliales par leur rôle dans l'augmentation de la perméabilité vasculaire ; les plaquettes et les médiateurs de la coagulation par leur chimiotactisme pour les cellules phagocytaires. Le Tableau 1 résume les fonctions et la localisation de ces cellules.

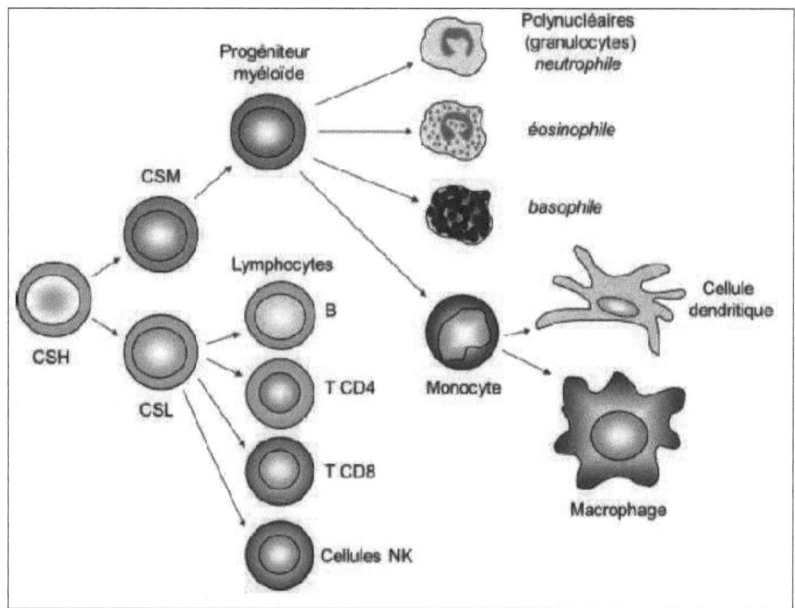

Illustration 1: Représentation schématique des lignées de cellules immunitaires.
CSH : Cellule Souche Hématopoiétique pluripotente, progéniteur commun. CSM : Cellule Souche Myéloïde, CSL : Cellule Souche Lymphoïde, NK : Natural Killer. (d'après Prin et al. n.d.)

Dans la moelle osseuse, la CSH donne naissance à 2 lignées : myéloïde et lymphoïde. La lignée myéloïde donne naissance aux cellules de l'immunité innée : polynucléaires, monocytes, macrophages. La CSL est précurseur des différents types de lymphocytes (B, T, NK) qui participent majoritairement à l'immunité acquise, bien que certains aient un rôle dans l'immunité innée (Tableau 1).

Il est à noter que selon leur localisation, la morphologie et la fonction de certaines de ces cellules changent, ce qui conduit également à une dénomination différente. Ainsi, les macrophages sont la forme tissulaire des monocytes circulants, et l'on appelle plasmocytes les lymphocytes B activés lorsqu'ils sécrètent des Ac.

Tableau 1: Fonctions et localisation des cellules immunocompétentes.
Les données entre parenthèses indiquent des fonctions ou localisations minoritaires.

	Cellules	Fonction	Localisation
Immunité innée	Granulocytes ou polynucléaires	Capter, détruire l'Ag	Sanguine
	Cellules dendritiques	Apprêter, présenter l'Ag	Tissulaire (sanguine)
	Monocytes	Capter, détruire l'Ag (apprêter, présenter l'Ag)	Sanguine
	Macrophages	Capter, détruire, apprêter, présenter l'Ag	Tissulaire
	Cellules NK	Détruire les cellules tumorales	Sanguine
Immunité adaptative	Lymphocytes B	Réponse humorale à l'Ag	Sanguine
	Plasmocytes	Réponse humorale à l'Ag	Tissulaire
	Lymphocytes T	Réponse cellulaire à l'Ag	Sanguine
Autres cellules immunocompétentes	Cellules épithéliales	Rôle de barrière, sécrétion de médiateurs	
	Cellules endothéliales	Rôle de barrière, sécrétion de médiateurs	
	Plaquettes	Sécrétion de médiateurs pro-inflammatoires, chimiotactiques	

a. Les organes

Les cellules de l'immunité innée naissent dans la moelle osseuse, rejoignent le sang et se distribuent dans tout l'organisme. Elles sont en première ligne de défense sur les sites potentiels d'entrée des pathogènes.

Les organes lymphoïdes primaires sont la moelle osseuse et le thymus. Les cellules de l'immunité adaptative que sont les lymphocytes B et T y maturent pour acquérir leurs propriétés spécifiques.

Les organes lymphoïdes secondaires comprennent la rate, les ganglions lymphatiques et les tissus lymphoïdes périphériques associés aux muqueuses. Ils dépendent des organes lymphoïdes primaires et se développent surtout après la naissance, au contact des Ag de l'environnement. Ils sont le lieu des coopérations cellulaires aboutissant à la réponse immunitaire spécifique. Les cellules de l'immunité innée ayant été au contact d'un Ag migrent dans ces organes et le présentent aux acteurs de l'immunité acquise. Si un lymphocyte est capable de reconnaître cet Ag, il s'activera et proliférera.

b. Les lymphocytes

Les lymphocytes qui maturent dans les organes lymphoïdes primaires y acquièrent notamment des marqueurs de surface correspondant à leur lignée, mais aussi des récepteurs de spécificité unique, propres à chaque cellule : les récepteurs TCR (T Cell Receptor pour les lymphocytes T, dans le thymus) ou BCR (B Cell Receptor pour les lymphocytes B, dans la moelle). Ces récepteurs sont acquis par réarrangement séquentiel des gènes, indépendamment de toute activation antigénique, et forment le répertoire de reconnaissance des Ag. Les lymphocytes naïfs ainsi obtenus quittent les organes lymphoïdes primaires pour aller à la rencontre de leur antigène spécifique dans les organes lymphoïdes secondaires.

Les lymphocytes T (LT) sont divisés en sous-populations portant des marqueurs de surface et des fonctions différentes : 1/ les lymphocytes T CD4+ (ou LT4) sont appelés auxiliaires (helper), ils initient la réaction immune spécifique ; 2/ les lymphocytes T CD8+ (ou LT8) sont de type suppresseur (éliminent l'activité des lymphocytes auto-réactifs) ou cytotoxique (interviennent dans la cytotoxicité à médiation cellulaire) ; 3/ les lymphocytes NK (ou cellules NK, pour natural killer) participent à l'immunité innée, ils ont un rôle particulier dans la lyse des cellules tumorales. Le premier signal de la réponse immunitaire acquise est donné par la reconnaissance spécifique d'un fragment antigénique (ou épitope) par le TCR des lymphocytes T CD4+. Ce lymphocyte T4 activé prolifère en produisant une grande quantité de cytokines : IL2, IL3, IL4, IL5, IL6, IL8, TNFβ et IFNγ (Defrance et al. 1988; Dinarello 1990; Romagnani 1991). Ces cytokines, à leur tour, recrutent, activent et induisent la prolifération des cellules de l'immunité acquise : LT8, lymphocytes B ; ainsi que des acteurs de l'immunité innée : macrophages et polynucléaires. Elles entretiennent également la réponse LT4, via une boucle de régulation.

La reconnaissance de l'Ag par le LT et l'activation du lymphocyte nécessitent obligatoirement la présence des molécules du CMH (Illustration 2).

La reconnaissance de l'Ag par les cellules T commence par une interaction du CD8 avec le CMH-I ou du CD4 avec le CMH-II. Ensuite le TCR se fixe au complexe peptide antigénique-CMH. Des molécules co-activatrices appartenant à la superfamille des immunoglobulines (CD80 et CD86 qui se fixent au CD28 des cellules T) et à la superfamille du TNF (les paires ligand/récepteur CD40L/CD40, 4-1BBL/4-1BB, CD27/CD70, CD30L/CD30 et HVEM/LIGHT) sont mises en jeu. Il y a également une libération de cytokines qui stimulent la prolifération et la différenciation des CD8 (IL-12, IFN, IL-2) (Thaiss et al. 2011). Enfin les co-récepteurs CD3 sont activés et activent le lymphocyte.

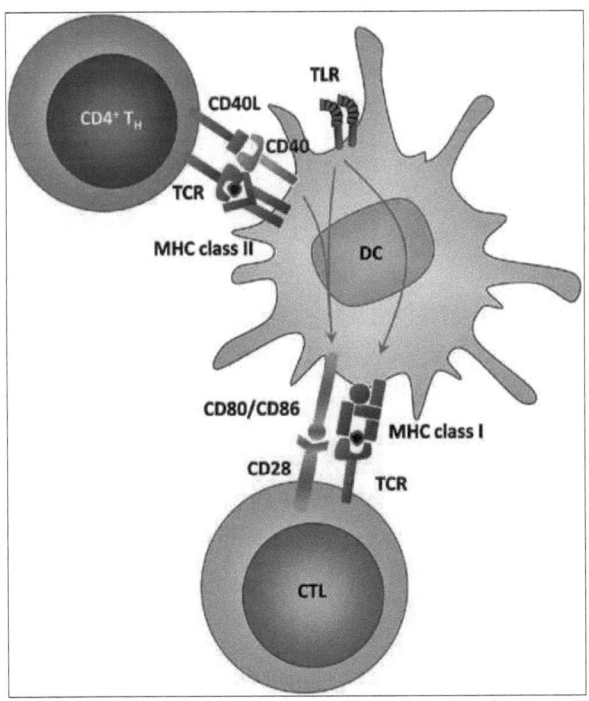

Illustration 2: Mécanisme d'activation des lymphocytes T (Thaiss et al. 2011)
MHC (major histocompatibility complex, en anglais) = CMH.
CTL = LT8 cytotoxique ; CD4+ TH = LT4 auxiliaire.

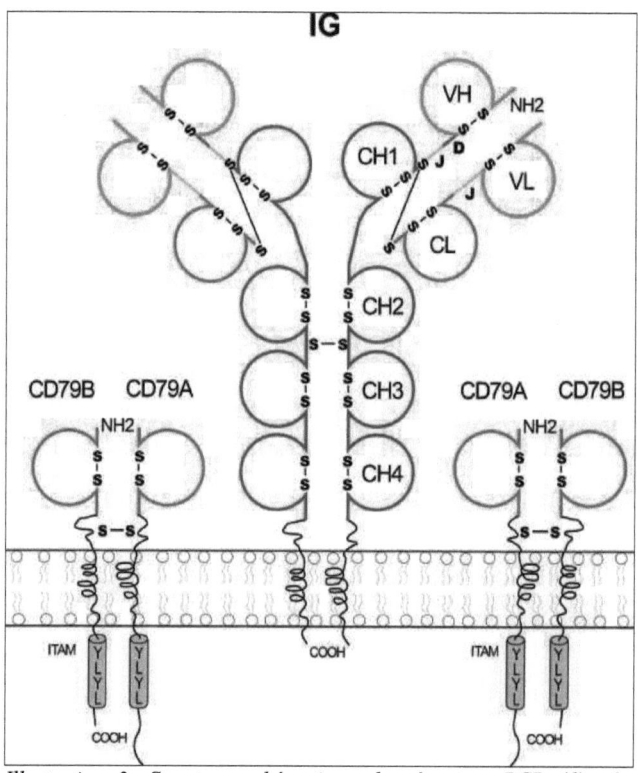

Illustration 3: Structure schématique du récepteur BCR (d'après www.imgt.org)

Le récepteur BCR des lymphocytes B est un complexe formé de trois unités (Illustration 3) : 1/ une unité réceptrice constituée d'une immunoglobuline (Ig) membranaire reconnaissant l'Ag ; 2/ deux unités transductrices du signal composées d'hétérodimères de CD79a (Igα) et CD79b (Igβ), portant des motifs ITAM (immunoreceptor tyrosine-based activation motif) (Reth et al., 1991, Reth, 1992). Ainsi, la fixation de l'antigène sur le BCR induit l'activation du lymphocyte B, via la phosphorylation des séquences ITAM qui déclenche une cascade intracellulaire (Reth et al. 1991; Reth 1992; Lefranc n.d.).

La différenciation de la cellule souche hématopoïétique à la cellule B mature, dans la moelle, est indépendante de l'Ag. Ce sont des étapes de réarrangement des gènes codants pour le BCR, qui seront décrites en détail au II.3.b. Les phases finales de différenciation, de la cellule B mature au plasmocyte et à la cellule B mémoire, dans les organes lymphoïdes secondaires, dépendent de l'Ag et nécessitent une coopération entre lymphocytes B et T. Ces différentes étapes se déroulent selon une séquence reprise par l'Illustration 4.

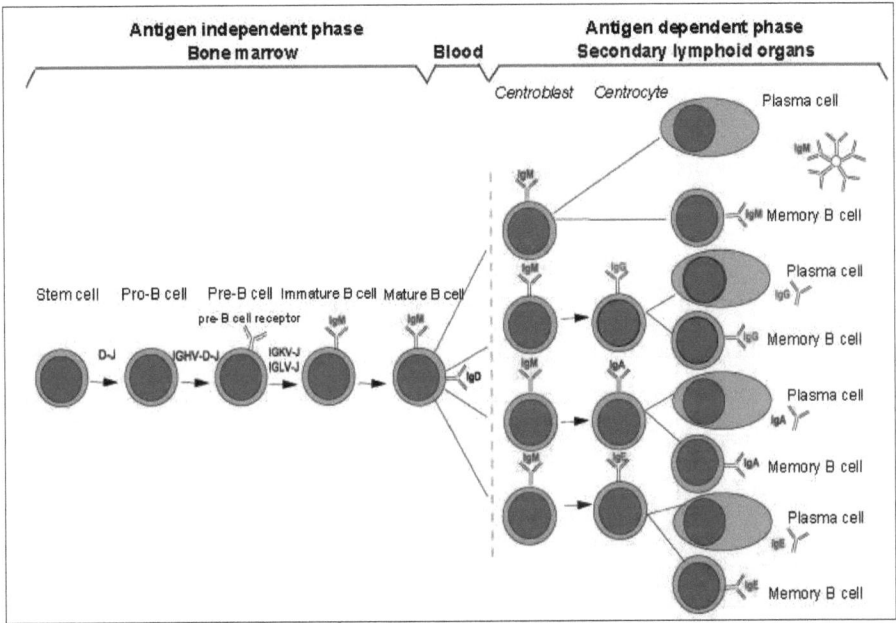

<u>Illustration 4</u>: Les étapes schématiques de différenciation d'un lymphocyte B (d'après www.imgt.org)

Dans les organes lymphoïdes secondaires, les jeunes cellules B matures portent un récepteur BCR de type IgM. Le premier contact du LB immunocompétent avec son Ag spécifique résulte en une activation. Cette activation conduit à l'expansion clonale (prolifération) et à la différenciation d'une partie des clones en plasmocytes à courte durée de vie, sécréteurs d'Ac de type IgM qui signent la réponse humorale primaire.

La commutation de classe isotypique aura lieu lors d'un second contact avec l'Ag. Le gène Cμ codant pour la partie constante des IgM est remplacé par un des gènes situés en aval dans la région constante des chaînes lourdes (Esser & Radbruch 1990)(cf. II.3.b.). La cellule produit alors des Ig d'un isotype différent : IgG 1 à 4, IgE ou IgA 1 à 2. Ces cellules peuvent ensuite se différencier en plasmocytes sécrétants, donnant lieu à la réponse humorale secondaire.

Une partie des clones peut également se différencier en LB mémoires. Ces cellules mémoires ont une longue durée de vie : elles peuvent persister, à l'état quiescent, de plusieurs mois à plusieurs dizaines d'années chez l'Homme. Lors d'une infection secondaire, ils produisent une réponse très rapide aux pathogènes car ils présentent rapidement et efficacement l'Ag aux LT, prolifèrent et se différencient en plasmocytes, produisant une nouvelle réponse humorale.

Les lymphocytes B circulants sont définis par la présence d'une Ig de surface ou membranaire ; après transformation en plasmocytes l'Ig qu'ils sécrètent est de même spécificité que leur BCR. Les Ig membranaires possèdent un segment transmembranaire que n'ont pas les Ig sériques, cette commutation est régulée par clivage de l'ARN au niveau de sites de polyadénylation (Lefranc et al. 2015). Un même LB peut donc produire des formes membranaires et sécrétées.

3. Les anticorps

a. Structure

Un anticorps, ou immunoglobuline, est un hétérodimère glycoprotéique d'environ 150 kDa constitué de 2 chaînes lourdes identiques (50 kDa ≈ 450 aa) et 2 chaînes légères identiques (25 kDa ≈ 220 aa). Le clivage enzymatique de cette molécule par la papaïne, au niveau de la région charnière, définit un fragment effecteur Fc (fragment cristallisable) et 2 fragments Fab (fragment se liant à l'Ag) (Illustration 5). C'est une structure tétramérique bivalente (deux sites de liaison aux Ag) et bifonctionnelle (liaison aux Ag et aux récepteurs Fc).

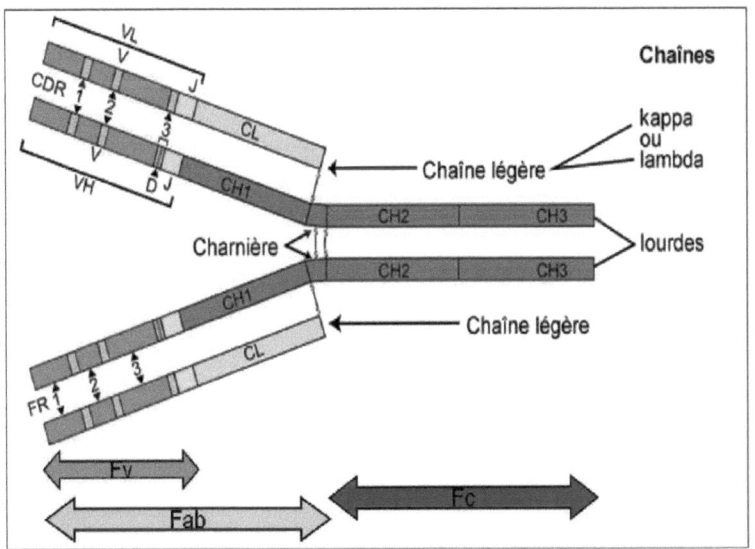

Illustration 5: Structure d'une immunoglobuline (modifié à partir de : www.imgt.org)
Fv : fragment variable ; Fc : fragment cristallisable ; VL : domaine variable de la chaîne légère ; VH : domaine variable de la chaîne lourde ; CDR 1, 2, 3 : parties hypervariables ; FR : régions charpente ; CL : domaine constant de la chaîne légère ; CH 1, 2, 3 : domaines constants de la chaîne lourde

La région variable Fv contient le paratope de l'Ac, complémentaire de l'épitope de l'Ag. Cette complémentarité est définie par les acides aminés (AA) de la partie hypervariable, responsable de la diversité des Ig produites par un organisme. Les domaines variables des chaînes lourdes et légères comportent chacun 3 domaines CDR (Complementarity Determining Region ou région déterminant la complémentarité avec l'antigène), en alternance avec des domaines charpentes (FR pour framework). Les CDRs, ou régions hypervariables, constituent le site de liaison à l'Ag. La liaison non-covalente de l'Ag à son site Ac dépend de forces attractives faibles mais nombreuses. La force de liaison entre paratope (Ac) et épitope (Ag) est appelée affinité de l'Ac.

Les chaînes légères sont constituées d'un domaine variable (VL) et d'un domaine constant (CL) ; les chaînes lourdes d'un domaine variable (VH), de trois domaines constants (CH1, 2 et 3) et d'une région charnière (H, hinge), située entre les domaines CH1 et CH2. Ces chaînes polypeptidiques sont liées par un nombre donné de ponts disulfures (S-S), caractéristique de chaque isotype (Illustration 8). Les chaînes lourdes comprennent un site conservé de N-glycosylation, au niveau des domaines CH2 et des motifs des O-glycosylation plus aléatoires.

b. Synthèse et diversité

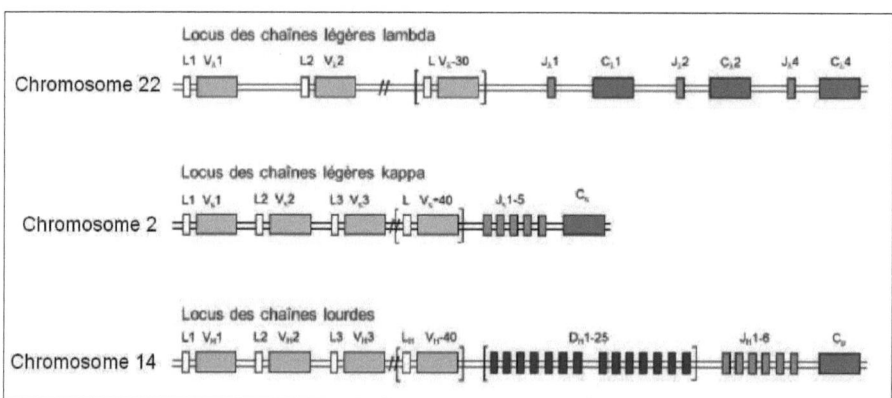

Illustration 6: *Gènes germinaux d'immunoglobulines et leur localisation chromosomique (d'après www.imgt.org)*
V : gènes de variabilité, J : gènes de jonction, C : gènes de domaines constants, D : gènes de diversité, répertoire supplémentaire porté par le chromosome 14.

Comme le montre l'Illustration 6, les gènes codant pour les chaînes d'immunoglobulines sont répartis dans 3 loci portés par 3 chromosomes (K) différents : le locus VH en 14q32-33, le locus Vκ en 2q11-2 et le locus Vλ en 22q11-2. Les loci des chaînes légères sont séparés en régions V (variable) et J (jonction) contenant un nombre de gènes donné. Le locus des chaînes lourdes comporte en plus une région D (diversité). Chacun de ces loci est associé à des régions C (constant), codant pour la partie constante qui déterminera la classe d'Ig.

Ces gènes dit « germinaux », c'est-à-dire avant réarrangement, ont été classés, en fonction de leur pourcentage d'homologies, en familles. Chaque locus est ainsi caractérisé par plusieurs familles de gènes, qui diffèrent selon les espèces.

Les données de séquençage des acides aminés avaient mis en évidence l'association apparemment aléatoire des régions V et C entre elles, laissant à penser que la molécule d'immunoglobuline pourrait avoir été codée par des gènes distincts, codant pour ces régions, qui auraient été joints avant que la molécule d'immunoglobuline ne soit produite, et non par un mécanisme de type épissage ou par assemblage ultérieur. On sait aujourd'hui que pour les chaînes légères, il se produit un réarrangement des gènes au niveau de l'ADN de telle sorte que l'un des gènes V est positionné en regard de l'un des gènes J. Cela se produit par un événement de recombinaison qui supprime les séquences présentes entre les gènes V et J choisis. De la même manière, pour la chaîne lourde, l'une des régions D est positionnée en regard de l'une des régions J puis l'un des gènes V est amené en regard de la région DJ réarrangée. Cela se produit par deux événements de recombinaison successifs qui éliminent les séquences présentes entre les régions V, D et J. Ainsi, chaque lymphocyte synthétise des Ac d'une seule spécificité.

D'autre part, chaque cellule B possède les chromosomes maternels et paternels pouvant chacun coder pour des immunoglobulines, et pourtant produit un seul type de chaîne légère et une seule classe de chaîne lourde (à l'exception de la cellule B mature qui exprime à la fois une chaîne lourde µ et une chaîne lourde δ associées à la même séquence VDJ donc de même spécificité antigénique). Il existe pour cela une certaine organisation dans l'expression des gènes : c'est le phénomène d'exclusion allélique.

La cellule tente d'abord de réarranger l'un de ses gènes de chaîne lourde (au choix, sur le chromosome maternel ou bien sur le chromosome paternel). Si le réarrangement est productif, c'est-à-dire qu'une chaîne lourde est produite, alors les autres réarrangements sont bloqués. A l'inverse, si la première tentative de réarrangement est improductive (pas de chaîne lourde produite), la cellule tente de réarranger les gènes de chaîne lourde sur l'autre chromosome. Si la cellule ne parvient à réarranger aucun de ses gènes de chaîne lourde de manière productive, cette cellule rentre en apoptose. Lorsque la cellule est parvenue à réarranger un gène de chaîne lourde, elle tente alors de réarranger ses gènes codant pour une chaîne légère kappa. De nouveau, au hasard, la cellule tente de réarranger ses gènes d'origine maternelle ou paternelle. Si le réarrangement est improductif (pas de chaîne légère produite), alors la cellule tente de réarranger ses gènes kappa sur l'autre chromosome. Si la cellule réussit à réarranger ses gènes de chaîne légère kappa, elle deviendra une cellule B capable de produire une immunoglobuline possédant une chaîne légère kappa. Sinon, elle essayera de produire une chaîne légère lambda selon le même processus. Si la cellule réussit à réarranger ses gènes maternels ou paternels de chaîne légère lambda, elle deviendra une cellule B capable de produire une immunoglobuline possédant une chaîne légère lambda.

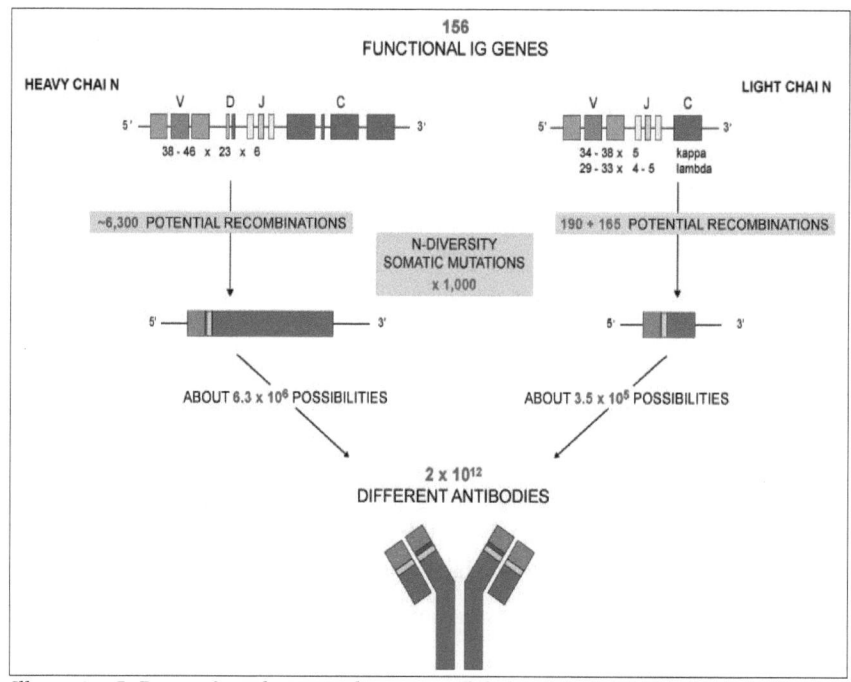

Illustration 7: Diversité combinatoire des immunoglobulines (d'après www.imgt.org).

La recombinaison permet de générer un très vaste répertoire à partir d'un nombre limité de gènes, grâce à deux mécanismes : 1/ la diversité combinatoire qui est due au hasard du choix des segments constituant la partie variable et 2/ la diversité jonctionnelle qui est liée à la variabilité dans les zones de jonction, induite par les mécanismes de réparation de l'ADN et qui introduit un degré supplémentaire de diversité par délétion ou insertion de nucléotides dans les régions variables des Ig. De plus, lors de la rencontre Ag-Ac, des mutations somatiques peuvent se produire au niveau des loci V_H et V_L, qui contribuent encore à la diversité des anticorps.

Il est intéressant de noter qu'en dépit de la grande variabilité des boucles de fixation à l'Ag dans les régions variables, il a été montré que les régions CDR H1, H2, H3, L1 et L2 adoptent un nombre limité de conformations : les structures canoniques (Chothia et al. 1989; Morea et al. 1998).

En dernier lieu se produit la commutation de classe ou commutation isotypique (Illustration 8). Le gène réarrangé codant pour la spécificité antigénique se déplace en amont des gènes codant pour les domaines constants d'une classe d'Ig donnée : IgG, IgA ou IgE. Les autres loci C sont éliminés : c'est l'exclusion isotypique. Ceci modifie les fonctions effectrices et entraîne ainsi une diversité fonctionnelle des Ac.

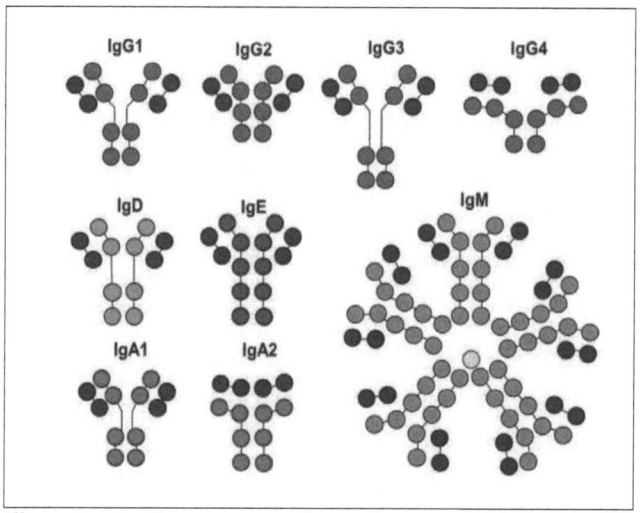

Illustration 8: Classes et sous-classes d'immunoglobulines (d'après Batteux et al. n.d.)
Les deux chaînes légères en violet peuvent être kappa ou lambda et s'associent indifféremment à tout type de chaîne lourde. Les sous-classes diffèrent par la composition en AA de leur chaîne lourde et par la longueur de leur région charnière. Les IgM sont des pentamères reliés par une pièce J (en jaune).

c. Fonctions

L'activité biologique d'un Ac résulte du cumul de quatre modes d'actions distincts : le blocage de l'antigène cible, l'activation de la cascade du complément (CDC), le recrutement de cellules qui phagocytent la cible, ainsi que l'activation de la lyse cellulaire dépendante des anticorps (ADCC).

Le fragment Fab de l'Ig est responsable de la liaison spécifique de forte affinité aux Ag. Le fragment Fc se lie à des récepteurs Fc impliqués dans les fonctions effectrices des Acm : ADCC = cytotoxicité cellulaire dépendante d'anticorps ; CDC = cytotoxicité dépendante du complément. Il se lie également aux FcRn (récepteur néonatal au Fc), ce qui provoque l'internalisation puis le recyclage de l'Ac et confère une demi-vie plasmatique longue, d'une vingtaine de jours, aux IgG humaines (Beck et al. 2009).

d. Spécificités

La synthèse d'immunoglobulines est commune à l'ensemble des vertébrés, mais dépend de familles de gènes spécifiques d'espèces, codant pour des séquences particulières. C'est cette spécificité d'espèce qui est à l'origine des réactions d'immunogénicité.

Cette diversité se manifeste également dans l'assemblage des chaînes synthétisées, par exemple chez les camélidés (chameaux, lamas, etc.), des Ac constitués d'une seule chaîne lourde, les V_{HH} (brevetés sous le nom de Nanobodies® par l'entreprise Ablynx, 2006) ont été mis en évidence (Hamers-Casterman et al. 1993; Su et al. 2002). L'Illustration 9 montre que ces Ig possèdent une diversité de structures, notamment en ce qui concerne la longueur de la région charnière (hinge).

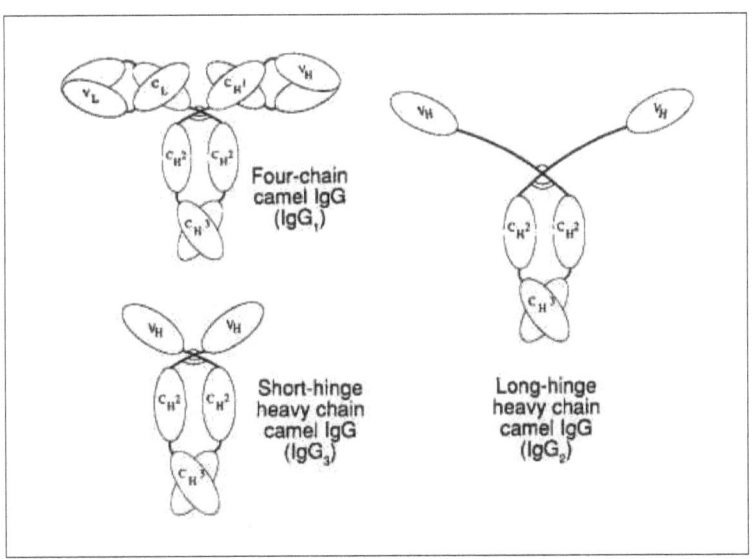

Illustration 9: Structures schématiques des IgG dépourvues de chaînes légères de camélidés (d'après Hamers-Casterman et al. 1993).

III. Origine des anticorps monoclonaux

1. Découverte des Ac

On retrouve les premières pratiques empiriques d'immunisation à partir du XVIème siècle en Chine (Berche 2007). La variolisation consiste alors à infecter un patient avec une forme peu virulente -ou supposée telle- de la variole, afin de le protéger contre la maladie. La méthode semble relativement efficace, malgré une mortalité prévisible. Cette pratique traverse lentement les continents et n'est reconnue en Europe qu'en 1796, grâce au médecin anglais Edward Jenner, qui utilise la variole des vaches, ou vaccine, une maladie bénigne, pour immuniser avec succès un enfant contre la variole : c'est la « vaccination » au sens originel.

La vaccination moderne est « inventée » à la fin du XIXème siècle, en même temps qu'apparaît le terme « immuniser » dans la langue française (Rey 2012). En 1885, Louis Pasteur réussit la première vaccination antirabique et 9 ans plus tard, Emil von Behring et Shibasaburo Kitasato, à Paris, réalisent sur des enfants malades une sérothérapie antidiphtérique de masse et obtiennent des résultats spectaculaires avec un fort taux de guérison. Au même moment, la sérothérapie antitétanique connaît le même succès. Bien qu'elle soit aujourd'hui largement remplacée par la vaccination moderne, il est à noter que la sérothérapie est toujours utilisée pour traiter certaines envenimations.

Puis en 1895 Elie Metchnikoff découvre la phagocytose, posant ainsi les bases de l'immunité innée. Il est suivi en 1901 par Paul Ehrlich qui théorise pour la première fois l'origine de l'immunité acquise : chaque lymphocyte exprimerait à sa surface plusieurs récepteurs différents et la stimulation par l'antigène permettrait d'amplifier uniquement les récepteurs spécifiques qui seraient alors libérés dans le sang (Fougereau 2009; Watier 2009).

Au début du XXème siècle apparaît la notion d'anticorps. Ceux-ci sont détectés dans les gammaglobulines sériques et Rodney Porter en réalise la protéolyse ménagée, ce qui lui permet de proposer la première étude structurale des immunoglobulines qui lui vaudra le prix Nobel de médecine en 1972 (Porter 1972).

2. Historique de leur utilisation

La théorie « un lymphocyte, un récepteur, un plasmocyte, une immunoglobuline » qui est aujourd'hui communément admise sera validée en 1975. Cette année là, Georges Köhler et César Milstein produiront le premier anticorps monoclonal (Acm) par la méthode de l'hybridome (Köhler & Milstein 1975)(*cf.* III.3.a.) et recevront pour ce travail le prix Nobel de médecine en 1984. Ces premiers Acm sont issus de plasmocytes de souris, donc entièrement murins.

En 1986, l'autorité de santé des Etats-Unis, la FDA (Food and Drug Administration) approuve le tout premier Acm thérapeutique : le muromomab-CD3 (ou OKT3), Acm murin. Il cible le récepteur CD3 à la surface des lymphocytes T et est indiqué dans le traitement du rejet de greffe aigu.

Les années 1980-90 voient ainsi l'avènement des Acm en thérapeutique. Cependant, les questions de tolérance et d'immunogénicité ne tardent pas à se poser. C'est pourquoi apparaissent rapidement des Acm chimériques où les domaines variables de souris, spécifiques de l'Ag, sont greffés sur des domaines constants humains. Ainsi le le rituximab (Rituxan/Mabthéra®) est mis sur le marché en 1997, initialement pour traiter le lymphome B non-Hodgkinien chimio-résistant. Les indications de cette IgG dirigée contre le CD20 ont ensuite été étendues à de nombreuses pathologies impliquant les lymphocytes B : leucémies, rejet de greffe, maladies auto-immunes ; ce qui a permis de maintenir sa commercialisation jusqu'à aujourd'hui.

L'étape suivante a consisté à greffer les CDR d'un Ac de rongeur sur une charpente humaine pour créer un Acm humanisé (Riechmann et al. 1988). Premier Ac thérapeutique construit sur ce modèle, le daclizumab (Zenapax®) anti-CD25 cible le récepteur à l'IL-2 des LT. Il est approuvé en Europe en 1999 pour la prévention du rejet de greffe, particulièrement la greffe rénale.

L'ère des biothérapies connaît ainsi d'énormes succès, comme celui de Genentech qui sort coup sur coup les bevacizumab, ranibizumab et omalizumab... Et de grosses déceptions pour d'autres Ac, notamment en raison de la difficulté à trouver l'indication thérapeutique dans laquelle ils sont réellement efficaces. C'est pourquoi les laboratoires ayant un Acm sur le marché ont tendance à étendre ses indications à d'autres pathologies afin de prolonger sa commercialisation, en attendant le développement de nouveaux candidats prometteurs.

Enfin, dans les années 1990, sont mises au point des technologies permettant de générer des Acm humains (Beck et al. 2009). Ces technologies peuvent être divisées en trois catégories : 1/ la sélection de fragments d'Ac par phage display à partir de banques combinatoires humaines d'Ig ; 2/ l'immunisation d'animaux transgéniques dont le répertoire des gènes d'immunoglobulines a été préalablement humanisé ; 3/ les hybridomes humains (*cf.* 3.a.).

L'adalimumab (Humira®) par exemple, Acm entièrement humain anti-TNFα, a été mis au point grâce à la technologie du phage display (*cf.* 3.b.).

Ces différents degrés d'humanisation des anticorps sont repris dans l'Illustration 10. Il a été établi une terminologie afin de définir la nature de l'Ac : le suffixe « -momab » correspond à un Ac murin, « -ximab » à un Ac chimérique (composé d'un tiers de protéines murines), « -zumab » humanisé (composé de 5 à 10 % de protéines murines) et « -mumab » intégralement humain.

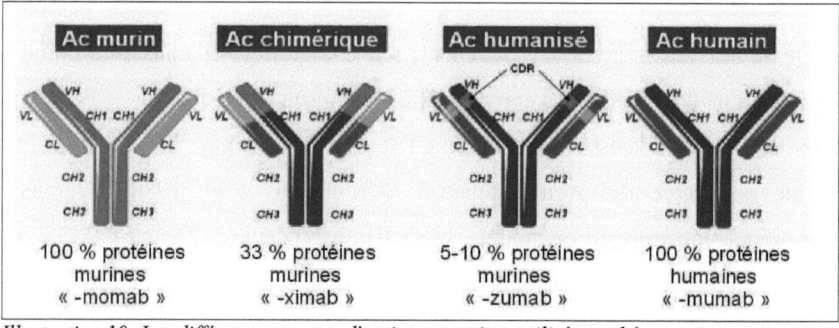

Illustration 10: *Les différentes natures d'anticorps entiers utilisés en thérapeutique*

3. Méthodes d'obtention des Acm

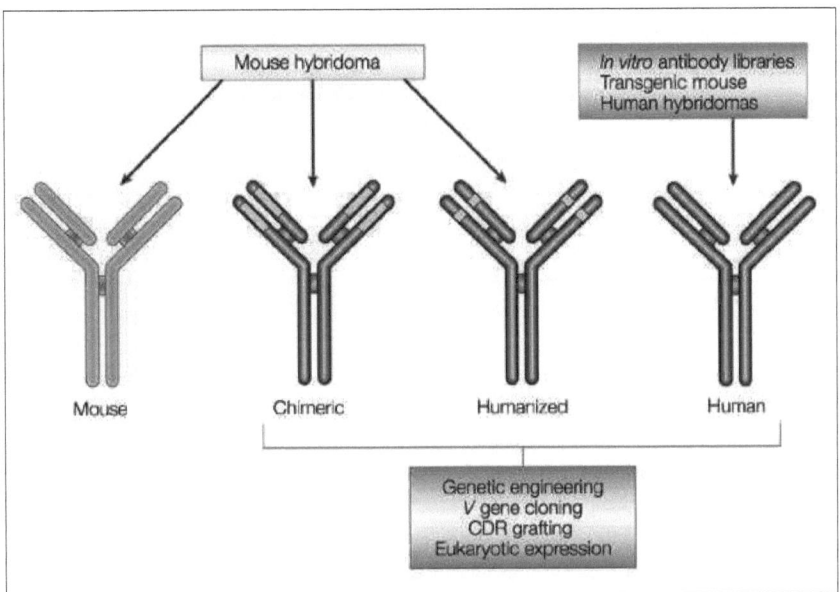

Illustration 11: *Les méthodes d'obtention des Acm en fonction de leur degré d'humanisation (d'après Brekke & Sandlie 2003)*

Les méthodes d'obtention des Acm décrites par l'Illustration 11 seront détaillées dans cette partie : création d'un hybridome, utilisation de banques in vitro pour la méthode du phage display et création de souris transgéniques. Les méthodes de CDR grafting et genetic engineering seront abordées au paragraphe III.4.

a. Méthode de l'hybridome

La première méthode historique de production des Acm est celle de l'hybridome (Köhler & Milstein 1975) qui n'a pas été brevetée et reste, en partie pour cette raison, très utilisée. Elle consiste en la fusion d'un plasmocyte murin produisant un clone d'Ig de spécificité donnée et d'une cellule de myélome qui lui confère son immortalité.

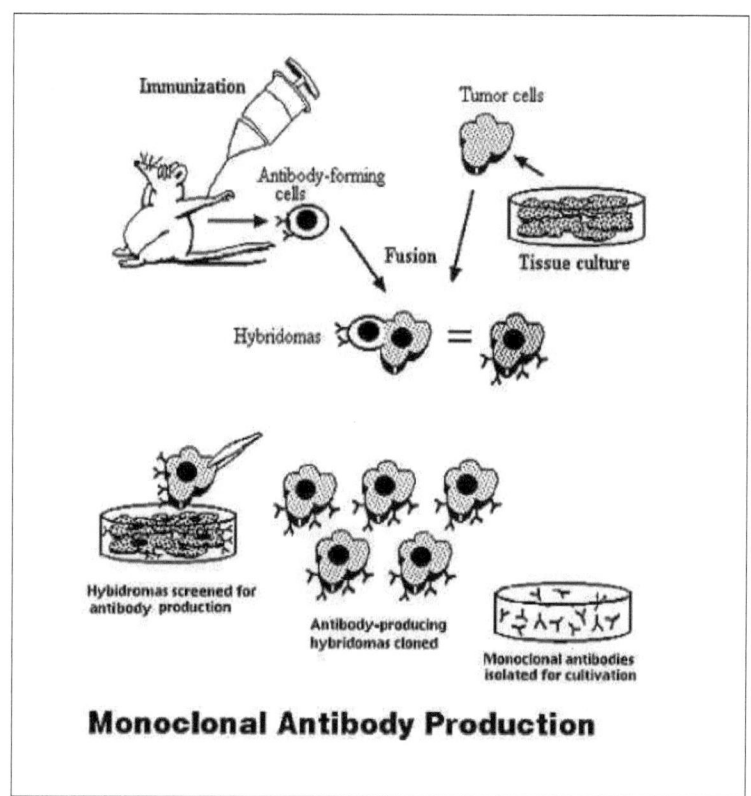

Illustration 12: La technique de l'hybridome (d'après Köhler & Milstein 1975).

En pratique (Illustration 12), un animal est sensibilisé à un Ag par plusieurs injections successives de celui-ci ; puis il est sacrifié, sa rate est prélevée et ses plasmocytes sont alors isolés. Ils sont mis en contact avec les cellules de la lignée cancéreuse, dans des conditions de nature à faciliter la fusion : historiquement en utilisant le virus Sendai, de nos jours avec du polyéthylène glycol (PEG) ou par électroporation.

Les cellules de myélome sont non productrices d'Ac et déficitaires en enzyme HPRT (hypoxanthine-guanine phosphoribosyltransferase). Cette enzyme est impliquée dans la synthèse des nucléotides, plus particulièrement dans la voie de sauvetage (par opposition à la voie de novo). La sélection des cellules fusionnées se fait dans un milieu contenant les composés chimiques hypoxanthine, aminoptérine et thymidine (milieu HAT). L'aminoptérine, en bloquant la synthèse de novo des nucléotides, oblige les cellules à utiliser la voie de sauvetage, dont l'hypoxanthine et la thymidine sont les substrats. Les myélomes, ne possédant pas l'enzyme nécessaire, ne peuvent pas survivre dans ce milieu. Par ailleurs, les cellules B non-fusionnées, n'ayant pas un potentiel de réplication illimité, finissent par mourir. Suite à une période de sélection dans le milieu HAT, seuls les hybridomes se développent. Ils sont alors isolés par dilution limite et les Ig qu'ils produisent (dans le surnageant) subissent des tests d'affinité pour l'Ag, ainsi qu'une éventuelle maturation d'affinité par mutagenèse aléatoire ou dirigée.

Si cette technique fonctionne bien avec les plasmocytes de rongeurs, l'obtention d'hybridomes humains en revanche, est plus complexe. En effet, il n'est pas possible, pour des raisons éthiques, d'immuniser des êtres humains contre un pathogène, même bénin. D'autre part, l'immunisation contre une cible endogène est empêchée par l'élimination ou l'inactivation des clones auto-réactifs.

Il est possible en revanche, de sélectionner des patients porteurs d'une pathologie, en particulier auto-immune, afin d'extraire leurs cellules B, en particulier leurs LB mémoires (Lanzavecchia et al. 2007). L'immortalisation peut se faire en utilisant le virus Epstein-Barr (EBV) ; elle était très inefficace jusqu'à des progrès récents dans la compréhension des mécanismes moléculaires d'activation des lymphocytes. Ainsi, l'utilisation de ligands de CD40 ou de TLR9 s'est révélée particulièrement apte à favoriser le clonage des lymphocytes B naïfs et mémoires ou mémoires seuls, respectivement (Guillot-Chene et al. 2009).

b. Phage display

Une autre méthode couramment employée est le phage display, inventé par Georges Smith (Smith 1985) et amélioré par John McCafferty et ses collègues à Cambridge (McCafferty et al. 1990). Cette technique permet d'exprimer des peptides, des protéines, voire des fragments d'Ac à la surface d'un phage filamenteux ; c'est aujourd'hui un outil de choix pour la sélection de produits de biotechnologies.

Comme le montre l'Illustration 13, cette technique consiste en théorie à extraire l'ARN d'un lymphocyte d'intérêt, à le rétro-transcrire en ADNc puis à introduire cette séquence dans un phagemide, en aval d'un gène structural et dépendant du même promoteur afin qu'ils soient exprimés ensemble à la surface du phage.

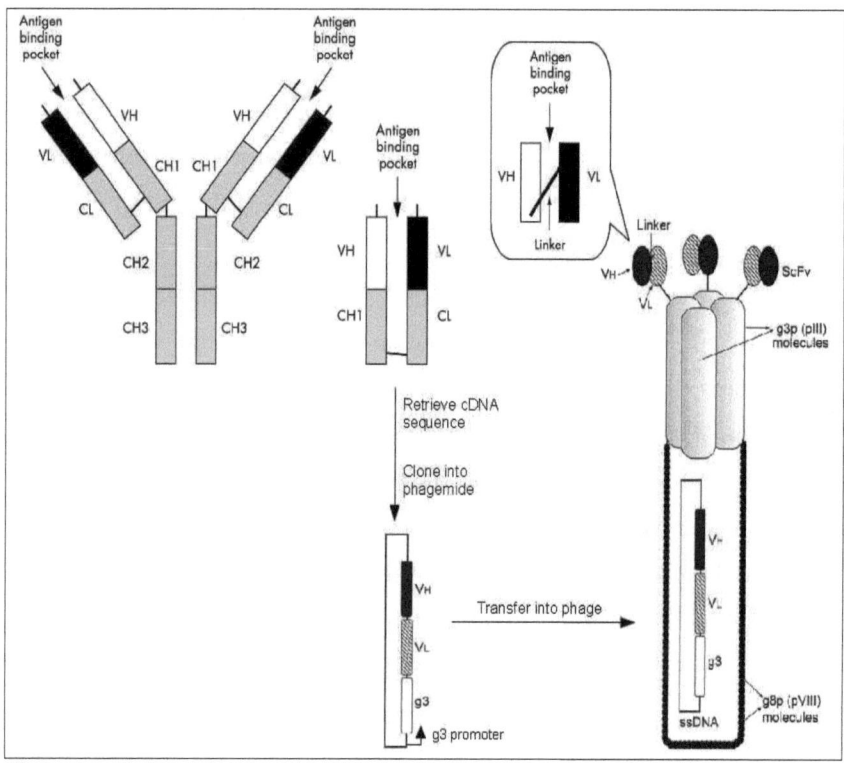

Illustration 13: Représentation simplifiée de la technique du "phage display"

En pratique, pour la présentation de fragments d'Ac (scFv ou Fab généralement), la séquence nucléotidique d'intérêt est clonée dans un vecteur de type phagemide, qui est transféré dans une bactérie de type *E.coli*. Cette bactérie est alors infectée par un phage auxiliaire (par exemple M13) nécessaire à la réplication et à l'empaquetage des particules phagiques. L'origine de réplication de ce phage auxiliaire est modifiée de telle manière que son génome soit répliqué de façon minoritaire par rapport au phagemide, ainsi la probabilité que ce dernier soit encapsulé -à la place du génome phagique- augmente. L'introduction de cassettes de résistance à différents antibiotiques dans le phagemide et dans le phage auxiliaire permet la sélection de bactéries recombinantes infectées par ces phages, qui sont ensuite individualisées pour identifier les phages exprimant le fragment d'Ac spécifique désiré.

Les gènes structuraux utilisés pour la présentation de la protéine sont ceux codant pour la capside du phage : g3p (en 5 exemplaires) ou g8p (3000 copies). Le nombre important de protéines g8p limite la taille du peptide exprimé en raison de problèmes d'encombrement stérique ; la g3p sera donc préférentiellement utilisée pour exprimer des fragments d'Ac. Même ainsi, il est préférable de ne conserver qu'une copie du scFv ou du Fab par particule phagique afin d'éviter de sélectionner un récepteur de faible affinité, mais dont l'avidité serait augmentée artificiellement par un plus grand nombre de copies (Barbas et al. 1991). En pratique la présentation de la particule en surface du phage est un événement minoritaire car 90 % exprimeront la g3p sauvage, bien qu'une majorité de phages encapsident l'information provenant du phagemide. Les phages portant la protéine de fusion ne présenteront généralement qu'une seule copie (Hoogenboom et al. 1998).

Afin de reproduire *in vitro* la variété de séquences existant *in vivo*, des banques de phages sont utilisées. Ce sont des banques combinatoires d'Ac humains, dérivées de gènes réarrangés V(D)J d'Ig humaines, obtenus de l'ARNm extrait de cellules lymphocytaires B.

Pour construire une banque de scFv, l'ARNm des séquences réarrangées est rétrotranscrit en ADNc en utilisant des oligonucléotides définis selon les gènes VH et VL du répertoire germinal (Welschof et al. 1995; Barbié & Lefranc 1998; Pallarès et al. 1999). Les gènes des régions variables VH et VL sont amplifiés séparément, pour être ensuite assemblés en utilisant un fragment d'ADN (linker) s'hybridant sur la partie 3' du gène de la chaîne lourde et en 5' sur le gène de la chaîne légère. Le gène ainsi assemblé est alors amplifié par PCR avec un jeu d'amorces permettant l'introduction de sites de restriction pour le clonage dans le phagemide. L'ADN cloné dans le vecteur est introduit dans des bactéries par électroporation.

Les phages-scFv produits par les bactéries recombinantes de la banque ainsi obtenue peuvent alors être criblés, grâce au phage display, par interaction avec l'Ag, afin de sélectionner le scFv qui présente la meilleure spécificité et l'affinité la plus forte. Le gène correspondant peut alors être séquencé, *a posteriori*, et servir à reconstruire une Ig entière par exemple.

On distingue plusieurs types de banques : 1/ naïves, à partir d'IgM (et d'IgG) de patients « non immunisés » (contre un Ag donné) ; 2/ immunes, provenant d'IgG de patients atteints d'une pathologie d'intérêt ; 3/ synthétiques ou semi-synthétiques, construites en introduisant des mutations dans une ou plusieurs des régions hypervariables. L'impact négatif de l'introduction de CDR aléatoires sur la conformation des Ac peut être minimisé par la conservation des structures canoniques mentionnées au II.3.b.

L'utilisation de vastes banques combinatoires permet également de sélectionner *in vitro* voire *in vivo*, des scFv spécifiques de marqueurs dont l'identité est inconnue (*cf.* IV.1.b.). Après sélection, le génome de la particule phagique peut être séquencé et comparé aux bases de données afin d'identifier la protéine cible. Ce travail long et fastidieux sera sans doute simplifié à l'avenir par l'essor des nouvelles technologies de séquençage haut-débit (Next-generation sequencing ou NGS), dont nous reparlerons dans les perspectives.

c. Souris transgéniques

Produire des Ac humains pour réduire les phénomènes d'immunogénicité en clinique pose 2 types de problèmes : la plupart des lignées cellulaires humaines immortalisées ne sont pas capables d'exprimer de manière stable de grande quantités d'Ac et l'immunisation *in vivo* des humains n'est pas envisageable pour de nombreux Ag, pour des raisons éthiques. D'autre part, les rongeurs présentent des avantages évidents car les souris sont faciles à immuniser, répondent à la plupart des Ag humains et leurs LB donnent des lignée d'hybridomes stables.

Partant de ce constat, l'idée d'utiliser des souris transgéniques a été esquissée en 1989, lorsqu'a été publiée la première description de souris exprimant un répertoire restreint de gènes d'Ig humaines par Bruggemann et son équipe (Brüggemann et al. 1989).

Ces souris transgéniques contenaient un minilocus comprenant des segments de gènes codant pour la chaîne lourde IgH : V_H, D et J_H dans leur configuration germinale, couplés à un gène de partie constante Cµ. Les gènes V(D)J subissaient des réarrangements dans les tissus lymphoïdes et une minorité de LB ont synthétisé des chaînes IgH de type µ qui ont permis la formation d'IgM transgéniques. Des hybridomes stables ont pu être établis à partir de ces LB, qui sécrétaient de 0,5 à 5µg d'Ac par millilitre de surnageant.

En 1994, l'étape suivante a été franchie (Illustration 4). Par recombinaison homologue dans les cellules souches embryonnaires, soit en réalisant une micro-injection dans le pronucleus, soit par fusion avec des protoplastes de levure, des souris transgéniques ont été créées. Lonberg (Lonberg et al. 1994) a inséré plusieurs transgènes sous forme de minilocus : la chaîne lourde contenait 3 régions V_H, 16 domaines D et les 6 domaines J_H couplés aux segments µ et γ1. La chaîne légère était constituée de 4 Vκ, les 5 Jκ et la région Cκ. De son côté, Green (Green et al. 1994) a utilisé des YAC (Yeast Artificial Chromosome ou chromosome artificiel de levure) pour insérer ses transgènes. Le minilocus de chaîne lourde comprenait 5 V_H, les 25 D et les 6 J_H ainsi que les régions constantes µ et δ. La chaîne légère contenait 2 Vκ, les 5 Jκ et le Cκ.

Ces transgènes étaient capables de subir le réarrangement V(D)J, la commutation de classe et les mutations somatiques nécessaires pour créer un répertoire étendu de chaînes lourdes et légères d'Ig. De plus, ces souris possédaient une délétion de leurs loci endogènes des chaînes lourdes et légères κ et ne produisaient ainsi pas d'Ig de souris. Les loci λ n'ont pas été inactivés car ils ne représentent typiquement que 5 % du répertoire des Ig murines. Ainsi, les souris transgéniques filles produisent très majoritairement des Ig humaines et sont capables de réagir à une immunisation. Ces souris ont ainsi permis d'obtenir des hybridomes sécrétant une Ig humaine spécifique de l'Ag endogène, malgré un répertoire restreint (Taylor et al. 1994; Beck et al. 2009).

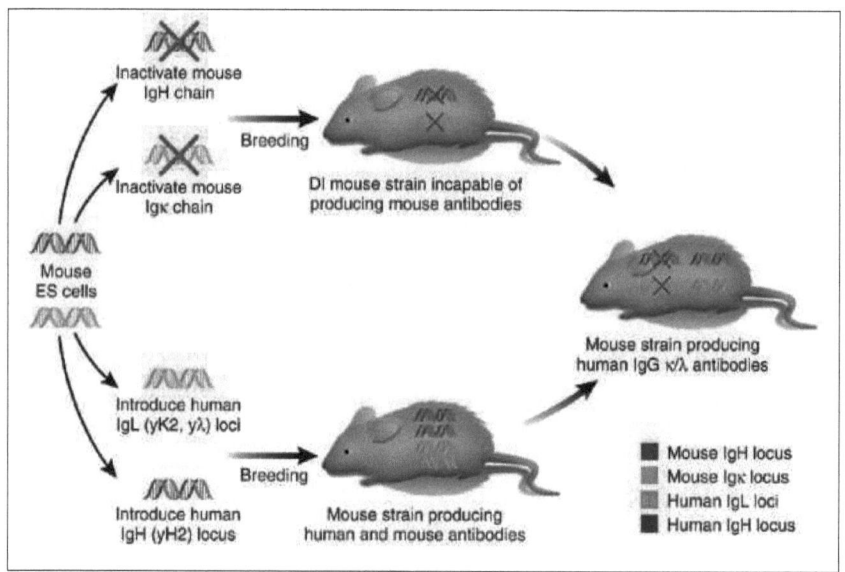

Illustration 14: Obtention d'une souris transgénique produisant des Ig humaines (Jakobovits et al. 2007)

Plusieurs entreprises commercialisent des souris transgéniques pour la synthèse d'Ac humains : Medarex, avec sa plateforme UltiMab, Abgenix et sa technologie Xenomouse, Regeneron avec VelocImmune, Kymab avec Kymouse.

Produit par cette technologie, le panitumumab (Vectibix®), anti-EGFR (epidermal growth factor receptor), est mis sur le marché en 2006.

L'approche des souris transgéniques a également été utilisée pour fabriquer des Ac chimériques. La transformation est moins lourde, le coût plus faible et ces approches permettent de conserver un répertoire très étendu. Les Ig ainsi produites pourront ensuite être « retouchées » (*cf.* 4.b.) pour diminuer leur immunogénicité si elles sont destinées à être administrées à l'Homme.

Ce sont des lignées murines chez lesquelles les réarrangements des segments V, D et J endogènes (murins) sont respectés, mais où ces segments réarrangés peuvent s'exprimer en association à une séquence constante humaine. Dans des cellules embryonnaires de souris, Zou et al ont remplacé le gène murin $C\gamma 1$, codant pour la région constante de la chaîne lourde des IgG1, par son équivalent humain. Une lignée de souris a été établie et croisée avec des individus modifiés de la même manière au niveau des régions constantes des chaînes légères kappa. Les souris homozygotes pour ces 2 mutations ont produit des IgG1 chimériques contenant les régions humaines avec la même efficacité que les souris sauvages sécrétaient leurs Ac natifs. Des Ac chimériques pouvaient ainsi être générés contre virtuellement tout Ag immunogène chez la souris (Zou et al. 1994).

Dans la même optique, Cogné et ses collaborateurs ont mis au point des animaux transgéniques permettant d'obtenir des Ig humanisées, spécifiques d'un antigène et d'isotype prédéfini. Le locus IgH de ces animaux est modifié en remplaçant la séquence de commutation par le gène Cα d'une IgA humaine. Ils possèdent également un autre transgène codant pour une chaîne légère d'Ig kappa humaine. Les IgA obtenues sont donc composées d'une chaîne lourde chimérique dont les domaines constants sont d'origine humaine et d'une chaîne légère humaine dont le domaine variable est codé par les loci Vκ1 à Jκ5 humains (Bardel et al. 2005). La même méthode a été appliquée à l'obtention d'IgG humanisées (Cogne et al. 2009).

Il est à noter qu'une fois les LB producteurs d'Ig humaines obtenus, ils seront immortalisés, généralement par fusion pour obtenir un hybridome.

4. Modifier un Acm

a. Région Fv : CDR grafting

Le domaine variable d'un Ac comprend les régions hypervariables (ou CDR) qui forment le site de liaison à l'Ag. Jones et son équipe (Jones et al. 1986) ont décrit la transplantation de ce site de liaison d'un Ac à un autre, utilisé comme une « charpente », en réalisant une « greffe » de cette partie hypervariable, ou CDR grafting.

Cette greffe a été utilisée dans l'objectif d'améliorer les propriétés cliniques d'un Ac de spécificité connue. Ses CDR ont été greffés en remplacement de ceux d'un Ac possédant des propriétés d'intérêt (Riechmann et al. 1988). Cependant, il s'est rapidement avéré que cette modification du Fv de l'Ac entraîne de subtils changements de conformation qui peuvent modifier son affinité pour sa cible (Kettleborough et al. 1991). En particulier, certains AAs proches du CDR (appelés framework residues ou FRs) influent fortement sur la conformation du site de liaison et doivent être choisis avec soin lors de la greffe.

Cette méthode est toujours utilisée aujourd'hui pour produire des Ac humanisés : les CDRs d'un Ac murin, par exemple, sont greffés sur une charpente d'Ac humain et les bases de données permettent de repérer et d'adapter les AA critiques pour la conformation du site de liaison. Ainsi, le portefeuille de brevets de PDL BioPharma concerne le transfert dans les chaînes d'Ig humaines, en plus du CDR, des AA de la charpente de l'Ig donneuse qui interagissent avec le CDR et affectent l'affinité de liaison. L'Ac ainsi humanisé est potentiellement non-immunogène chez l'homme et conserve globalement la même affinité pour l'Ag que l'Ig donneuse (Queen et al. 1997). Cette société a établi des accords de licence avec de grandes compagnies pharmaceutiques (Roche, Genentech, Biogen Idec...) pour le développement de plusieurs Ac parmi les plus vendus du marché comme Avastin (bevacizumab), Herceptin (trastuzumab), Lucentis (ranibuzumab) et Xolair (omalizumab), ce qui lui assure des revenus confortables uniquement en dividendes.

b. Resurfacing

Le resurfacing repose sur l'idée que l'immunogénicité d'une protéine est déterminée par l'accessibilité aux AA de surface et donc par les résidus proéminents (Novotný et al. 1986). Cette méthode consiste donc à utiliser des modèles informatiques afin de déterminer la structure en 3 dimensions (3D) de l'Ac et à remplacer les résidus de surface d'un Ac de rongeur par leur équivalent humain. En effet la distribution des AA, au sein des régions FR notamment, diffère entre les espèces. L'analyse de la séquence murine permet d'identifier les AA de la charpente qui ne sont pas cohérents avec un modèle humain, et d'évaluer leur accessibilité en surface.

Afin de conserver l'affinité de liaison de l'Ac pour sa cible, les structures paratope-épitope sont simulées en 3D et les résidus critiques pour l'affinité et la spécificité de l'Ac sont identifiés (Zhang et al. 2005). Ensuite, lorsque le Fv a été ainsi humanisé, il est possible de le greffer aux régions constantes d'une Ig humaine pour augmenter sa demie-vie plasmatique et diminuer son immunogénicité (Staelens et al. 2006), voire moduler ses fonctions effectrices.

c. Fc engineering

Le fragment Fc des Ac, comme décrit précédemment, est le support de leur fonction effectrice. Celle-ci peut être adaptée en modifiant la structure du Fc, sa séquence en AAs ou sa composition en glycanes. Ces modifications conditionnent la fixation préférentielle à l'un des FcR (récepteur au Fc), possédant chacun un mécanisme d'action particulier.

En cancérologie notamment, si l'efficacité thérapeutique des anticorps est indiscutable, le taux de rechutes reste important et justifie la recherche de nouveaux anticorps thérapeutiques dotés d'une bioactivité supérieure. Chez l'homme, l'activité ADCC est une composante majeure de l'efficacité de ces anticorps thérapeutiques. Augmenter cette activité permet ainsi de détruire plus efficacement les cellules tumorales. De même dans les maladies auto-immunes, ces Ac ayant une bioactivité augmentée permettent une déplétion plus efficace du pool de lymphocytes auto-réactifs. Ceci apporte également une amélioration dans le traitement ou la prévention de pathologies pour lesquelles l'Ag ciblé est exprimé à un faible niveau par les cellules.

L'activité ADCC peut être améliorée en modifiant la séquence en AA du Fc de telle manière à augmenter sa capacité d'interaction avec les récepteurs de type FcγRIIIA et/ou FcγRIIA. (Stavenhagen & Koenig 2007). La modification peut aussi porter sur une région particulière de l'Ac comme la charnière, liant les 2 chaînes lourdes. Ceci provoque également une altération de la fixation du Fc à ses ligands potentiels et permet ainsi de moduler son activité effectrice, ADCC ou CDC (Dall'acqua et al. 2008).

Une autre stratégie consiste à jouer sur la cinétique d'élimination de l'Ac, en utilisant les propriétés de fixation du Fc au récepteur néonatal FcRn. Ce dernier permet en effet le « recyclage » des Ac endocytés par une cellule. Ainsi, si l'Ac se fixe facilement au FcRn à pH sérique et s'en détache rapidement à pH endosomal, cela permet d'augmenter son activité en améliorant la pharmacocinétique de l'Ac (Magdelaine-Beuzelin et al. 2009; Igawa et al. 2011).

Enfin, les évolutions récentes dans ce domaine concernent la modification de la composition et de la structure en glycanes. La glycosylation se produit au niveau post-traductionnel et dépend donc en grande partie de la cellule productrice. Ainsi, l'équipe de GlycArt a mis au point une cellule hôte transgénique capable d'exprimer un Ac dont les motifs de glycosylation ont été modifiés pour augmenter la proportion de résidus N-acétyl-glucosamine (GlcNAc) par rapport aux résidus fucose. L'Ac ainsi modifié présente une ADCC augmentée (Umana 2011). Le LFB (Laboratoire Français du Fractionnement et des Biotechnologies) a également breveté une structure glycanique particulière, consistant en un motif bi-antennaire à teneur réduite en fucose. Les Ac ainsi produits dans les glandes mammaires de mammifères ont une affinité particulière pour le récepteur FcγRIII et présentent de ce fait une activité ADCC fortement augmentée (Beliard et al. 2012).

d. Ac couplés

Les Ac couplés sont appelés ADC en anglais, pour antibody-drug conjugate. Le couplage a généralement pour but d'augmenter la toxicité de l'Ac lorsque celle-ci est insuffisante pour servir sa fonction thérapeutique. L'Ac peut être couplé à un radio-élément, une drogue fortement cytotoxique, une toxine, ce qui permet de concentrer la toxicité sur les cellules ciblées tout en préservant au maximum le reste de l'organisme. Des méthodes indirectes, basées sur ce qui existe pour l'expérimentation *in vitro*, ont également été proposées. Il s'agirait par exemple de coupler l'Ac à une enzyme nécessaire à l'activation de la drogue injectée, sous forme inactive, par voie générale ; ou d'utiliser un Ac fixé à la streptavidine afin de fixer l'agent cytotoxique biotinylé injecté par voie générale. Cependant, la streptavidine provient d'un micro-organsime (*Streptomyces avidinii*) et provoque des réactions d'immunogénicité chez l'Homme, limitant son utilisation en thérapeutique. Afin de résoudre ce problème, une streptavidine comprenant des mutations ponctuelles de sa séquence en AA a été proposée. Son affinité pour la biotine est conservée et son immunogénicité chez les mammifères est fortement diminuée (Kodama et al. 2012).

e. Fragments d'Ac et protéines de fusion

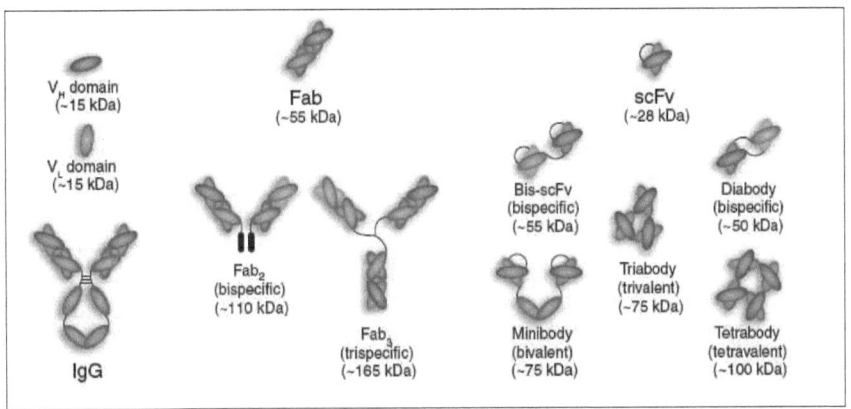

Illustration 15: Les différents fragments d'anticorps pouvant être obtenus par bioingénierie (d'après Holliger & Hudson 2005).

Sur le modèle des VHH (*cf*.II.3.b.), des fragments d'Ac ont été générés par biotechnologies. Leurs propriétés, notamment pharmacocinétiques, en font des outils d'intérêt en thérapeutique ou diagnostique : meilleure distribution tissulaire et temps d'élimination diminué, par exemple (Riechmann & Muyldermans 1999).

Certaines approches n'utilisent qu'une partie de la séquence de l'Ac. Le Fab ou le scFv seuls peuvent être utilisés pour se fixer à l'Ag sans déclencher de fonction effectrice. Par exemple, lorsque l'on cherche une action neutralisante, l'absence du fragment Fc permet une élimination plus rapide du complexe immun, en évitant le recyclage dû au FcRn.

Les fragments d'Ac sont petits et ont ainsi une meilleure diffusion et pénétration dans les tissus que les Ac entiers ; ils permettent également d'atteindre des sites à plus fort encombrement stérique et ils sont plus faciles à produire car généralement non glycosylés. Leur demi-vie dans l'organisme est courte, ce qui peut présenter un avantage dans le cas où ces fragments sont couplés à des molécules ou isotopes cytotoxiques, et peut être augmentée par la greffe de polyéthylène glycol (PEG) notamment. Cette courte demi-vie peut devenir un inconvénient en diminuant l'activité de la molécule, ces fragments présentent également une moins bonne stabilité en solution que les Ac entiers, ainsi qu'une absence de fonction effectrice, évidemment. Ce dernier inconvénient peut être partiellement résolu par la fabrication de fragments bispécifiques, pouvant se lier d'un côté à une cellule tumorale et de l'autre à une cellule effectrice pour favoriser la réaction immunitaire.

Une autre possibilité est de produire une protéine de fusion. Une protéine recombinante est couplée avec un fragment Fc d'Ig. Ceci permet d'utiliser les propriétés effectrices du Fc, notamment la prolongation de la demi-vie sérique grâce à la liaison au FcRn.

5. Ac thérapeutiques actuels

Le tableau 2 reprend les informations disponibles concernant les Acm actuellement en phase 3 de développement ou récemment approuvés. L'émergence de cibles et d'indications nouvelles est à noter. Lorsque cette information était disponible, l'influence des formats et de la technologie de synthèse sur l'apparition d'une immunogénicité à été recherchée.

Tableau 2: Acm actuellement en phase 3 de développement ou récemment approuvés.
Les cibles marquées d'une étoile (*) correspondent à des cibles originales. Les données proviennent des études disponibles sur ces Ac, des AMM délivrées et des revues de Janice Reichert (Reichert 2011; Janice M Reichert 2013; Janice M. Reichert 2013).
BPCO : Bronchite Pulmonaire Chronique Obstructive ; CPNPC : Cancer du Poumon Non à Petites Cellules ; LLC : Leucémie Lymphoïde Chronique ; LNH : Lymphome Non-Hodgkinien ; PR : Polyarthrite Rhumatoïde.

DCI	Cible	Format	Indication	Immunogénicité	Etat
Actoxumab + bezlotoxumab	Entérotoxines de C.difficile	IgG1 humaine	Infection à C.difficile	Non disponible	Phase 3
Alirocumab	PSCK-9*	IgG1 humaine	Hypercholestérolémie, Syndrome coronarien aigu	Non disponible	Phase 3
AMG-145	PSCK-9*	IgG2 humaine	Hypercholestérolémie	Non détectée en phase 2	Phase 2/3

Nom	Cible	Type	Indication	Résultats	Statut
Bapineuzumab	Amyloïde béta*	IgG1 humanisée	Maladie d'Alzheimer	Non disponible	Phase 3, développement arrêté
Belimumab	BlyS	IgG1 humaine	Lupus systémique	0,7 (4/563) à 4,8 % (27/559)	Approuvé aux USA, Canada, Europe en association au traitement standard.
Brentuximab vedotin	CD30*	IgG1 chimérique	Lymphome hodgkinien et lymphome anaplasique à grandes cellules	35 % dont 7 % persistants	Approuvé aux USA et en Europe pour les lymphomes récidivants ou réfractaires
Briakinumab	IL-12/23	IgG1 humaine	Psoriasis	Non disponible	Phase 3, développement arrêté
Dalotuzumab	IGF-1R*	IgG1 humanisée	Cancer colorectal métastatique	Non disponible	Phase 2
Elotuzumab	CD2	IgG1 humanisée	Myélome multiple	Non disponible	Phase 3
Epratuzumab	CD22*	IgG1 humanisée	Lupus systémique	3 (1/40) à 9 % (1/11) selon la dose	Phase 3
Farletuzumab	Récepteur aux folates α*	IgG1 humanisée	Cancer ovarien	8 % (2/25)	Phase 3
Gantenerumab	Amyloïde béta	IgG1 humaine	Maladie d'Alzheimer	Non disponible	Phase 3
Gevokizumab	IL-1β	IgG2 humanisée	Uvéite non-infectieuse	Non disponible	Phase 3 Procédure « orphan drug » accordée aux USA et en Europe
Girentuximab	Anhydrase carbonique IX*	IgG1 chimérique	Carcinome rénal non-métastatique	Non disponible	Phase 3
Inotuzumab ozogamicin	CD22	IgG4 humanisée	Leucémie lymphoblastique aiguë, LNH	Non disponible	Phase 3
Ipilimumab	CTLA4	IgG1 humaine	Mélanome avancé chez des adultes précédemment traités	< 2 %	Approuvé aux USA, Canada, Europe comme seconde ligne de traitement.
Itolizumab	CD6*	IgG1 humanisée	Psoriasis en plaques ; PR	2,5 % (1/40) / Non détectée en phase 1 (PR)	Phase 3 / Approuvé en Inde
Ixekizumab	IL-17a	IgG4 humanisée	Psoriasis	Non disponible	Phase 3
Lebrikizumab	IL-13	IgG4 humanisée	Asthme	Non disponible	Phase 3
Mepolizumab	IL-5	IgG1 humanisée	Asthme, Syndrome hyperéosinophile, BPCO avec bronchite éosinophile	57 % (39/69) sans incidence sur l'efficacité de traitement	Phase 3
Necitumumab	EGFR	IgG1 humaine	CPNPC	Non détectée en phase 1	Phase 3

Nivolumab	PD1	IgG4 humaine	CPNPC, Carcinome rénal	Non disponible	Phase 3
Obinutuzumab	CD20	IgG1 humanisée	LLC, LNH, Lymphome diffus à cellules B	Non détectée en phase 1	Phase 3
Ocrelizumab	CD20	IgG1 humanisée	Sclérose en plaque	Non détectée en phase 2	Phase 3
Onartuzumab	cMet	IgG1 humanisée monovalente	CPNPC ; Cancer gastrique	Non disponible	Phase 3
Otelixizumab	CD3	IgG1 hybride chimérique/ humanisée	Diabète de type 1*	Détectée chez 100 % des patients, sans incidence pharmacocinétique apparente	Phase 3
Pagibaximab	Acide lipotéchoïque*	IgG1 chimérique	Prévention de l'infection à staphylocoques chez le nouveau-né de très faible poids de naissance	Non détectée en phase 2	Phase 2/3 en 2011
Pertuzumab	HER2	IgG1 humanisée	Cancer du sein métastatique ou récurrent HER2 positif	Détectée chez 2,8% (11/386), responsable de réactions d'hypersensibilité chez 0,5 % des patients	Approuvé en Europe en association avec trastuzumab et docetaxel
Racotumomab	GM3* (gangliosides)	Murin	CPNPC	Elevée mais recherchée	Phase 3
Ramucirumab	VEGFR2*	IgG1 humaine	Adénocarcinome métastatique gastrique ou de la jonction gastro-oesophagique ; cancer du sein ; carcinome hépatocellulaire	Non disponible	Phase 3
Reslizumab	IL-5*	IgG4 humanisée	Asthme éosinophile	Non disponible	Phase 3
Romosozumab	Sclérostine*	IgG2 humanisée	Ostéoporose post-ménopause	Non disponible	Phase 3
Sarilumab	IL-6Rα	IgG1 humaine	PR	Non disponible	Phase 3
Secukinumab	IL-17a*	IgG1 humaine	Arthrite rhumatoïde ou psoriasique, Spondylarthrite ankylosante, Psoriasis	Non détectée en phase 2	Phase 3
Sirukumab	IL-6	IgG1 humaine	PR	Non détectée en phase 1	Phase 3
Solanezumab	Amyloïde béta*	IgG1 humanisée	Maladie d'Alzheimer	11,9 % (5/42) sans incidence clinique en phase 2	Phase 3

Tabalumab	BlyS	IgG4 humaine	Lupus systémique, PR, Myélome multiple	Non disponible	Phase 3 arrêtée pour la PR
Teplizumab	CD3	IgG1 humanisée	Diabète de type 1*	Non disponible	Modulation de la réponse immune des LT
Trastuzumab emtansine	HER-2	IgG1 humanisée	Cancer du sein localement avancé ou métastatique	Non disponible	Approuvé aux USA, en cours d'évaluation en Europe
Tremelimumab	CTLA-4	IgG2 humaine	Mélanome métastatique	Non détectée en phase 1	Phase 3
Vedolizumab	Intégrine α4β7*	IgG1 humanisée	Maladie de Crohn modérée à sévère ; colite ulcérante	Détectée à 44 %, influence sur l'efficacité de traitement incertaine	En cours d'évaluation en Europe
Zalutumumab	EGFR	IgG1 humaine	Cancer de la tête et du cou	Non détectée en phase 3	Phase 3, développement arrêté en attente de partenariat commercial
Zanolimumab	CD4*	IgG1 humaine	Lymphome T cutané	4,5 % (1/22)	Développement arrêté

Parmi ces Acm, 2 IgG humaines proviennent de phage display : briakinumab et gantenerumab ; 5 proviennent de souris transgéniques : ipilimumab, nivolumab, sarilumab, zalutumumab et zanolimumab. Trois ont été modifiées pour adapter leurs fonctions effectrices : l'obinutuzumab dont l'ADCC a été augmentée en modifiant sa glycosylation, le teplizumab qui possède une liaison diminuée aux FcR et l'otelixizumab, non glycosylé, possédant des fonctions effectrices réduites. Trois sont des ADC : brentuximab vedotin conjugué à la monométhylauristatine E, inotuzumab ozogamicin conjugué à la calichéamicine et trastuzumab emtansine conjugué au DM1 (cytotoxine maytansinoïde). Enfin le racotumomab provoque une immunisation de type vaccinale contre la cible, son immunogénicité élevée est donc recherchée, sa toxicité reste faible.

Bien que ces Ig soient essentiellement humanisées ou humaines, l'apparition des Ac anti-drogue semble inévitable et difficile à prédire. Leur influence sur l'efficacité du traitement est inconstante, car ils peuvent être neutralisants, provoquer une élimination plus rapide de l'Ac thérapeutique, ou au contraire être « silencieux ». Philippe Stas et Ignace Lasters ont noté que l'immunogénicité dépendait de plusieurs facteurs (Stas et al. 2009) : 1/ Les facteurs liés au produit. L'immunogénicité dépend du « degré de non-soi » que l'organisme attribue à la protéine étrangère : un extrait bactérien provoque une réaction plus intense qu'un Ac murin, auquel l'organisme répond plus souvent qu'à un Ac humanisé, par exemple. La présence d'agrégats, de complexes immuns dans la préparation peut aussi conduire à la reconnaissance de motifs répétés mis en évidence par ce changement de conformation. De la même manière toute impureté présente dans la préparation peut entraîner cette réaction, d'où l'importance de l'optimisation des méthodes de production et de purification (*cf*.V.3.).

2/ Les facteurs inhérents au patient et à la maladie. Un même Acm induit moins de réactions dans le traitement d'une pathologie tumorale que pour une maladie inflammatoire ou auto-immune. La chronicité de la maladie, donc la durée de traitement et le schéma thérapeutique, influent également, ainsi que l'administration concomitante de molécules susceptibles de moduler la réponse immune. La réponse évolue également en fonction de l'âge, car celui-ci conditionne le métabolisme de l'Acm. Des facteurs génétiques entrent également en jeu.

3/ La voie d'injection est un paramètre supplémentaire : moins de réactions à l'Ac sont observées lorsque celui-ci est injecté en intra-veineux que lors de l'administration en sous-cutané ou intra-musculaire.

IV. Applications des Acm à la santé humaine

1. Utilisations diagnostiques

a. *In vitro*

De nombreux dépistages utilisent des Ac marqués, soit par un chromophore (molécule colorée) ou fluorophore soit par un radio-isotope (molécule radioactive). Les tests de grossesse disponibles en pharmacie, par exemple, utilisent une méthode dite en « sandwich » pour révéler la présence d'hormone chorionique gonadotrope (ou hCG) dans les urines (Illustration 16). Cette hormone est dégradée et éliminée dans les urines, mais une partie (20 % environ) y est retrouvée sous forme non-dégradée et peut ainsi être détectée par cette méthode.

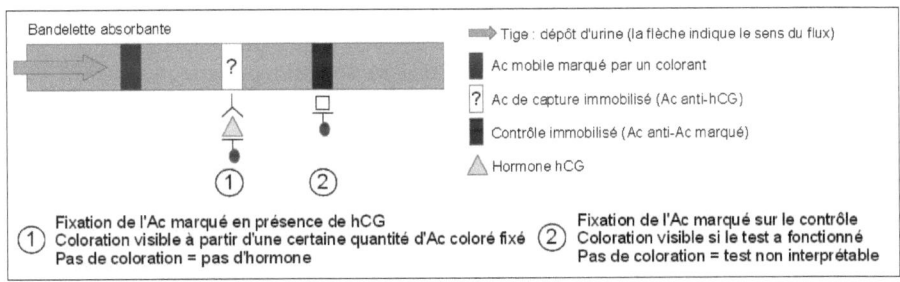

Illustration 16: Principe du test de grossesse en bâtonnet

En France, le dépistage néo-natal systématique de l'hypothyroïdie du nourrisson est également réalisé par une méthode en sandwich, cette fois avec des Ac anti-TSH (thyréostimuline ou Thyroid-Stimulating Hormone en anglais) marqués par un isotope radioactif : l'iode 125.

Ces méthodes sont apparentées à l'ELISA pour Enzyme-Linked Immunosorbent Assay, qui consiste à greffer un Ac sur un support afin de capturer l'Ag présent dans un échantillon. La présence de l'Ag est ensuite révélée par la fixation d'un second Ac couplé à une enzyme. Lorsque le substrat est introduit dans le milieu, sa transformation par l'enzyme provoque une réaction colorée qui est alors quantifiée par spectrophotométrie. L'ELISA est une méthode très sensible (peu de faux négatifs) et relativement spécifique (quelques faux positifs).

En biologie, de nombreux Ac marqués par des molécules fluorescentes sont utilisés pour l'immunomarquage de tissus ou de cellules qui sont ensuite analysés par microscopie de fluorescence ou cytométrie de flux. Ce système permet l'identification ou la localisation de protéines et sert de méthode de diagnostic par l'utilisation de marqueurs spécifiques de pathologies. Afin de permettre une bonne lecture et une interprétation fiable de ces méthodes de diagnostic, l'utilisation de fluorophores suffisamment stables est un point critique, de même que le couplage efficace de ces molécules à l'Ac (Zhu et al. 2011).

Les Ac peuvent être utilisés dans de nombreuses méthodes d'analyse et Young-Chul Kwon et son équipe ont proposé une amélioration au diagnostic précoce de l'infarctus du myocarde par la technique de « surface plasmon resonance » (SPR). Ainsi, ils ont utilisé des Ac anti-troponineI cardiaque (cTnI) greffés sur un fin film d'or qui réagissent comme « senseurs » à la fixation de l'Ag spécifique. Cette méthode se veut une amélioration par rapport au test ELISA existant car elle serait tout aussi sensible et spécifique avec un temps de diagnostic réduit, permettant une intervention plus rapide (Kwon et al. 2011).

b. *In vivo*

L'administration au patient d'Ac marqués permet également le diagnostic et le suivi par imagerie de pathologies pour lesquelles il existe des marqueurs suffisamment sensibles et discriminants. Il s'avère cependant que les Ac entiers ne sont pas adaptés au diagnostic *in vivo* en raison de leur pharmacocinétique. En effet, les Ig entières persistent plusieurs jours dans la circulation, ce qui entraîne l'apparition d'un bruit de fond à la capture de l'image, néfaste à la qualité des clichés obtenus.

Des fragments d'Ac conservant l'affinité et la spécificité pour l'Ag ont l'avantage de diffuser plus largement et plus facilement dans l'organisme, ils sont plus rapidement éliminés et permettent donc l'obtention d'images de meilleure qualité (Ortega 2012).

Ban-An Khaw et ses collaborateurs ont proposé d'utiliser des fragments Fab d'Ac anti-myosine radio-marqués afin d'évaluer la gravité d'un infarctus du myocarde après reperfusion. Les Fab de forte affinité permettaient une bonne imagerie des zones myocardiques lésées, confirmées par des méthodes conventionnelles d'imagerie (Khaw et al. 1999).

Le diabody est un petit fragment d'Ac bivalent, dont les propriétés pharmacocinétiques en font un candidat idéal pour l'imagerie *in vivo*. Céline Ortega et son équipe ont étudié la production d'un diabody dirigé contre le récepteur de l'hormone anti-Müllérienne par un système d'expression bactérien. Ce récepteur est un biomarqueur dans le cancer ovarien, et des Ac thérapeutiques dirigés contre cette cible sont en essai clinique. Le diabody a donc été dérivé de la structure d'un de ces Ac ; les conditions opératoires permettant le maintien de son activité ont été définies et ce fragment d'Ac a été couplé à du fluor radioactif ^{18}F qui permet d'obtenir un bon contraste en imagerie TEP (tomographie par émission de positons) tout en présentant un faible encombrement stérique (Ortega et al. 2013).

Un autre fragment d'Ac présentant des propriétés d'intérêt est le scFv. Une méthode originale de sélection *in vivo* utilisant le phage display a permis à Robert et ses collaborateurs d'isoler des scFv spécifiques de lésions athérosclérotiques chez un animal modèle (Robert et al. 2006). La banque de phage-scFv humaine a été injectée chez des souris modèles pour l'athérosclérose et les scFv fixés ont été récupérés après sacrifice de l'animal. Certains des phages-scFv ainsi sélectionnés ont été produits sous forme soluble et testés *in vitro* sur des extraits ou *ex vivo* sur des coupes de tissu athéromateux provenant de lapins ou d'hommes. La cible d'un de ces scFv a été identifiée par des méthodes d'immunoprécipitation et de spectrométrie de masse comme étant l'anhydrase carbonique II. Cette méthode de sélection *in vivo* permet donc d'identifier des biomarqueurs associés aux lésions athéromateuses (Deramchia et al. 2012). Les scFv ainsi identifiés pourraient alors être couplés à des agents de contraste pour servir d'outils de diagnostic non-invasif en imagerie. Ce groupe de travail a développé un réactif de ce type pour l'imagerie IRM (imagerie de résonance magnétique). Un Ac nommé VH10, reconnaissant spécifiquement les plaquettes activées, a été couplé à un agent de contraste nommé VUSPIO (Versatile UltraSmall

Paramagnetic Iron Oxide) composé de nanoparticules à base d'oxyde de fer. Cet assemblage Ac-VUSPIO reconnaissait les plaquettes activées qui sont impliquées à un stade précoce dans l'athérosclérose et permettait de déterminer avec une bonne résolution spatiale la présence de plaques d'athéromes *in vivo* chez un animal modèle (Jacobin-Valat et al. 2011).

Natarajan et son équipe ont également décrit un tel couplage. Dans leur cas c'est un fragment d'Ac de type scFv qui a été couplé à des nanoparticules d'oxyde de fer magnétique. Le scFv est dirigé contre l'Ag MUC-1, largement surexprimé par une grande majorité de cancers épithéliaux. Ce système, destiné dans un premier temps à l'imagerie, devait également permettre la destruction des cellules ciblées par un échauffement local des nanoparticules sous l'influence d'un champ magnétique externe (Natarajan et al. 2008).

2. Applications thérapeutiques

Les Ac sont utilisés en thérapeutique dans de multiples indications : pathologies cancéreuses, inflammatoires, mais également infectieuses, auto-immunes... Leur champ d'action est vaste et recèle certainement des possibilités encore inconnues. Le prérequis à leur utilisation est que l'Ag, protéine ou récepteur ciblé soit exprimé de manière suffisante et très spécifique par les cellules ciblées. Leur activité dépendra ensuite des fonctions effectrices qui peuvent être modifiées, adaptées, comme mentionné au III.4.

a. Acm nus

Les Ac nus représentent toujours une large majorité parmi les produits disponibles en thérapeutique et ceux nouvellement approuvés. Nous avons vu au III.5. que la majorité sont des Ac humanisés ou humains. Certains possèdent une structure modifiée pour améliorer leurs propriétés.

C'est le cas par exemple des Ac brevetés par le LFB et possédant une activité ADCC augmentée (Beliard et al. 2012). Ils sont dirigés contre l'antigène rhésus de type D et particulièrement destinés à prévenir l'anémie hémolytique du nourrisson. En effet, parmi les Ag présents à la surface des globules rouges, on retrouve ceux du système rhésus, au nombre de 5 : D, C, c, E et e. L'Ag D est le plus immunogène, c'est-à-dire qu'un individu de rhésus négatif a une forte probabilité de produire des Ac anti-D s'il est mis en contact avec des globules rouges de rhésus D. Une immunisation de la mère de rhésus négatif peut se produire lors de la naissance, par contact avec le sang d'un premier enfant de rhésus positif, qui risque d'entraîner une anémie hémolytique chez le second enfant de rhésus positif. Les Ac du LFB possèdent une activité ADCC renforcée par l'activation du récepteur FcγRIII via leur composition glycanique particulière, de structure bi-antennaire et à teneur réduite en fucose.

Bien que cet usage ne soit pas majoritaire, les Ac peuvent également représenter une alternative en infectiologie, lorsqu'aucun vaccin n'existe ou n'est envisageable, lorsque la réponse thérapeutique doit être rapide, ou pour des populations particulières (Klinguer-Hamour et al. 2009). Ce dernier cas est illustré par le développement du pagibaximab, dirigé contre l'acide lipotéchoïque qui est le composant majeur de la paroi des bactéries Gram-positif. Cet Ac est destiné à prévenir l'infection systémique par les bactéries de type staphylocoques à coagulase négative et Staphylococcus aureus chez les grands prématurés. Ces enfants ont un système immunitaire immature, et les méthodes utilisées dans les services de soins intensifs pour les nourrir ou les ventiler engendrent un risque accru d'infection par ces pathogènes nosocomiaux (EMEA 2012).

L'utilisation d'Ac ouvre également de nouvelles perspectives dans le traitement du VIH. Dans un essai de phase 2, un Ac appelé PRO140 et développé par CytoDyn, a été testé en injections sous-cutanées. Cet Ac humanisé anti-CCR5 est dirigé contre une cible endogène ; un format de type IgG4 a donc été choisi pour éviter les effets de type ADCC ou CDC. Il est destiné à bloquer l'entrée du virus dans les lymphocytes T CD4 en empêchant l'interaction de la gp120 avec le co-récepteur CCR5. Il est de ce fait considéré comme un inhibiteur d'entrée, classe thérapeutique émergente avec un seul inhibiteur chimique sur le marché (maraviroc, Celsentri®) et un autre en développement (vicriviroc). Le PRO140 a prouvé son efficacité dans la réduction de la charge virale ainsi qu'une bonne tolérance. L'intérêt principal d'utiliser un Ac dans ce cas réside dans sa longue demi-vie par rapport à un inhibiteur chimique, permettant une administration sous-cutanée hebdomadaire qui permettrait une administration simplifiée par le patient et une meilleure observance du traitement (Jacobson et al. 2010).

b. Acm conjugués

Cette approche consiste à utiliser la spécificité d'un anticorps pour cibler une cellule et libérer à l'intérieur ou à proximité de celle-ci, un composé hautement cytotoxique comme une molécule radioactive, une drogue de chimiothérapie ou une toxine.

La radio-immunothérapie (RIT) peut viser des tumeurs disséminées, contrairement à la radiothérapie externe. Cependant, certaines pathologies cancéreuses s'avèrent difficiles à traiter en raison d'une forte dispersion des cellules tumorales qui rend le rayonnement peu efficace (cas des leucémies par exemple) ; ou parce que ces cellules, comme dans beaucoup de cancers, sont radio-résistantes. Techniquement, de nouvelles approches comme le préciblage et l'utilisation de radio-éléments de haut niveau d'énergie (émetteurs α ou d'électrons Auger) devraient produire de réelles avancées dans l'éradication des cellules souches tumorales, avec un risque de toxicité à long terme qui paraît identique à celui de la chimiothérapie (Barbet et al. 2009).

Le couplage d'un agent cytotoxique et d'un anticorps permet de conférer à des drogues trop toxiques pour être utilisables en chimiothérapie standard une sélectivité pour les cellules tumorales. Il peut également renforcer l'action d'un Ac ayant une faible activité antitumorale intrinsèque. Les principaux agents cytotoxiques utilisés sont des dérivés de la calichéamycine, de la maytansine et de l'auristatine, composés 100 à 1 000 fois plus toxiques que les drogues de chimiothérapie classiques. L'efficacité d'un immunoconjugué dépend non seulement de l'agent cytotoxique couplé, mais aussi de la cible sélectionnée, de la méthode de couplage et de l'agent de liaison : le conjugué doit être stable, capable de libérer la drogue dans la cellule sous forme active. Depuis le début des années 2000, l'optimisation des méthodes de conjugaison et des agents de liaison ont permis d'élaborer des immunoconjugués de seconde génération beaucoup plus stables et efficaces (Haeuw et al. 2009). Deux exemples de ces immunoconjugués étaient en essai clinique de phase 3 en 2011 : le brentuximab vedotin, conjugué à la monométhylauristatine pour le traitement du lymphome Hodgkinien ; et le trastuzumab emtansine, conjugué à DM1 (dérivé de la maytansine) pour le traitement du cancer du sein métastatique ou avancé.

Sur le même principe, les immunotoxines sont des molécules hybrides Ac-toxine. L'Ac permet la liaison à la cellule via des récepteurs de surface spécifique, puis la toxine est internalisée. La mort cellulaire est généralement due à l'inhibition par la toxine d'une fonction critique pour la survie cellulaire (par exemple la synthèse protéique) (Weisser & Hall 2009). Le naptumomab estafenatox, en essai clinique de phase 3 pour le traitement du cancer rénal, utilise cette approche. C'est un Fab couplé à l'entérotoxine staphylococcique.

c. Fragments d'Ac

De plus en plus d'Ac sous forme de fragments sont testés en clinique ; certains devraient arriver prochainement sur le marché. On peut donner plusieurs raisons à cela. D'une part, leur petite taille permet une meilleure distribution dans l'organisme, augmentant la pénétration au sein des tissus ciblés. D'autre part, leur séquence plus courte et moins complexe que celle d'un Ac entier permet de les produire à moindre coût dans un système procaryote.

La société Ablynx notamment possède un brevet sur les Ac de type VHH de camélidés, nommés Nanobodies®. L'une de ses applications cible le facteur de coagulation von Willebrand et est destinée à prévenir ou traiter les affections liées à l'agrégation plaquettaire (Silence 2006).

Une approche originale consiste à utiliser des scFv dimériques bivalents dirigés contre deux cibles différentes. Par exemple un BsAb (pour bi-specific antibody) CD19/CD3 a permis à Yan Zhou et son équipe d'induire la prolifération de LT non activés et de provoquer la lyse de cellules de lymphome non-Hodgkinien (LNH) *in vitro*. Chez des souris modèles de LNH, ce BsAb a permis la réduction du volume tumoral et un allongement significatif de la survie des animaux malades (Zhou et al.

2012). Un autre BsAb a pu être produit chez *E. coli*, par fusion de 2 fragments scFv anti-TNFα via un peptide de liaison dérivé de l'albumine humaine. Les tests ont démontré que ce BsAb possédait une très forte affinité et une plus grande capacité à inhiber l'action du TNFα. Deux Ac actuellement sur le marché, infliximab et adalimumab, sont dirigés contre cette cible, mais le traitement à long terme contre la polyarthrite rhumatoïde avec ces Ac coûte extrêmement cher en raison d'une méthode de production lourde. Les fragments d'Ac, scFv ou Fab, peuvent en revanche être produits directement sous forme fonctionnelle par des bactéries, ce qui en diminue le coût de manière drastique (Liu et al. 2008).

d. Protéines de fusion

Les protéines de fusion peuvent être de multiples natures, mais nous nous intéresserons particulièrement ici aux protéines de fusion composées d'un fragment Fc couplé à une protéine.

Généralement, cette protéine possède un intérêt thérapeutique et son attachement au Fc lui confère des propriétés biologiques et pharmacologiques supplémentaires. En particulier la présence du Fc augmente de manière importante la demi-vie du complexe, prolongeant ainsi l'activité thérapeutique, par l'interaction avec le FcRn d'une part et par la diminution de la clairance rénale due à l'augmentation de la taille de la protéine d'autre part. Le fragment Fc peut également interagir avec le FcR présent sur les cellules de l'immunité, déclenchant des mécanismes particulièrement utiles en oncologie ou pour des stratégies vaccinales. La présence du fragment protéique Fc peut également améliorer la solubilité et la stabilité du complexe *in vivo*. Enfin, la présence de ce domaine permet de simplifier la purification de la protéine de fusion en utilisant une chromatographie d'affinité à la protéine G (Czajkowsky et al. 2012).

Une protéine de fusion est actuellement développée par Biogen Idec pour le traitement de l'hémophilie A sévère. Cette maladie est la plus fréquente des maladies hémorragiques graves. Due à un déficit en facteur VIII (FVIII), elle touche environ une naissance sur 5.000 enfants de sexe masculin. Le traitement de référence consiste en des injections du facteur VIII manquant, mais sa demi-vie et de l'ordre de 8 à 12h, ce qui nécessite de fréquentes injections.

La protéine appelée Factor VIII-Fc, est une protéine de fusion recombinante, composée d'une molécule de FVIII liée de manière covalente au domaine Fc d'une IgG1 afin de prolonger la demi-vie sérique de la protéine. Lors des premiers essais cliniques, les patients ont été traités avec du FVIII standard puis avec la protéine de fusion. Il a pu être montré que le Factor VIII-Fc prolonge la protection hémostatique des malades tout en présentant une bonne tolérance. Son utilisation thérapeutique permettrait ainsi de diminuer la fréquence des injections et d'améliorer la sécurité et le confort des patients (Powell et al. 2012).

Une autre équipe a proposé d'utiliser cette méthode afin de faciliter l'absorption de grosses protéines recombinantes dans le tube digestif. En effet l'insuline, l'hormone de croissance et l'érythropoïétine sont des traitements chroniques et leur administration par voie orale permettrait d'améliorer le confort du patient ainsi que de diminuer le coût du traitement. Or ces protéines de grande taille sont souvent dégradées et mal absorbées.

Le couplage de l'hormone de croissance recombinante à un fragment Fc d'IgG1 humaine permet de déclencher l'endocytose au niveau intestinal, via le récepteur FcRn. Dans un modèle *in vitro* de monocouche cellulaire (T84, lignée de cancer colorectal humain métastatique) polarisée, la protéine de fusion a permis la transcytose de l'hormone de croissance recombinante (Lee et al. 2007).

e. Intrabodies

La technique des intrabodies consiste en l'expression intracellulaire d'Ac complets ou de fragments d'Ac, grâce à l'insertion dans la cellule cible des séquences ADN nécessaires à sa production. Les anticorps ainsi synthétisés peuvent être dirigés vers différents compartiments cellulaires grâce à des séquences d'adressage permettant leur transport ou leur rétention dans un compartiment donné. L'anticorps recombinant peut ainsi être utilisé pour neutraliser, perturber ou encore suivre la dynamique endogène d'un antigène. L'idée est que cette méthode permet de cibler des processus intracellulaires inaccessibles aux Ac classiques (Moutel & Perez 2009).

En 1993, un intrabody reconnaissant le site de liaison de la gp120 du virus de l'immunodéficience humaine (VIH-1) à la molécule CD4 a été utilisé comme agent thérapeutique afin de bloquer la réplication du virus. Le scFv a été exprimé de façon stable et retenu dans le réticulum endoplasmique grâce à une séquence spécifique (κDEL) sans exercer de toxicité envers les cellules. En se fixant à la protéine virale d'enveloppe à l'intérieur de la cellule, il a conduit à une réduction substantielle du nombre des nouvelles particules virales produites (Marasco et al. 1993).

Cette méthode est également largement utilisée pour le traitement de cancers, par exemple en bloquant la prolifération cellulaire via l'inhibition d'une protéine dérégulée.

Les propriétés des intrabodies suscitent l'intérêt dans d'autres domaines, notamment la neurologie. En effet, l'une de leurs propriétés intrinsèques est de reconnaître avec une grande spécificité toutes les isoformes d'une protéine, incluant leur conformation pathologique. Elles suscitent donc de nombreux espoirs pour le traitement de maladies résultant de l'accumulation de protéines mal repliées : maladie d'Alzheimer, de Parkinson, d'Huntington ainsi que l'encéphalopathie spongiforme liée au prion (Cardinale & Biocca 2008; Messer & Joshi 2013).

Malgré ces avancées, les moyens de délivrance de ces intrabodies dans l'organisme reste un obstacle majeur à leur utilisation thérapeutique. Des vecteurs de type lipidique peuvent être utilisés, ou la fusion à des polypeptides permettant de franchir la membrane plasmique. D'autres problèmes restent également à résoudre : la production en masse des anticorps, la maîtrise de leur dégradation après expression intracellulaire et la nécessité de répéter les injections pour assurer l'efficacité du traitement (Lobato & Rabbitts 2003).

V. Économie et législation

1. Le marché des biotechnologies

Les biotechnologies apparaissent aujourd'hui comme la poule aux oeufs d'or dans un marché du médicament qui stagne : une croissance rapide est prévue, d'environ 10% jusqu'en 2014, contre 1% au mieux pour l'ensemble du marché pharmaceutique. Le chiffre d'affaire prévisionnel mondial des Acm en particulier devrait être de 58 milliards de dollars (Mds$) en 2014, contre 32,3 Mds$ en 2008 (Les Echos 2010). Les chiffres des ventes, de 51,63 Mds$ en 2010, se sont élevés à 56,65 Mds$ en 2011 et à 64,57 Mds$ en 2012. La même année, les anticorps anti-TNF occupaient la 1ère place avec 26,68 Mds$, suivis par les anticorps anticancéreux pour 23,74 Mds$ (PipelineReview.com 2013). En Europe, les revenus générés se montent à 19,01 Mds$ en 2011 et devraient atteindre 42,37 Mds$ en 2018, avec un taux de croissance annuel de 12,1%. Le marché français, second marché en Europe derrière l'Allemagne, a généré 3,20 Mds$ de revenus en 2011 et devrait atteindre 7,93 Mds$ en 2018 avec un taux de croissance annuel de 13,8% (Frost & Sullivan 2012).

En 2008, 5 produits monopolisaient 80% du marché mondial avec plus de 4,5 Mds$ de revenus : Rituxan, Avastin, Herceptine, Remicade et Humira. En 2012 ce classement a peu varié et ces Acm appartiennent toujours au "Top 10" des produits les plus vendus.

Ces chiffres expliquent l'intérêt des grands groupes pharmaceutiques qui rachètent à raison de milliards de dollars des Ac prometteurs ou des entreprises possédant des technologies d'intérêt. Par exemple la plateforme UltiMab de Medarex a été rachetée en 2009 par Bristol Myers Squibb (Randall 2009) ainsi que la technologie d'Abgenix, Xenomouse technology, en 2006 par Amgen (Amgen 2006). Ces groupes ont entrepris des politiques agressives pour se "placer" sur le marché des biotechnologies : en 2002 seuls 56 % des ventes d'anticorps monoclonaux provenaient des groupes pharmaceutiques, en 2009 ils détiennent près de 90 % du marché. De plus, les anticorps monoclonaux ne devraient pas subir la concurrence des biosimilaires avant 2016 en raison d'une série d'obstacles tant juridiques (brevets) que techniques (processus de production) ou réglementaires, qui rend pour l'instant leur copie quasiment impossible (Les Echos 2010).

2. Les coûts de développement

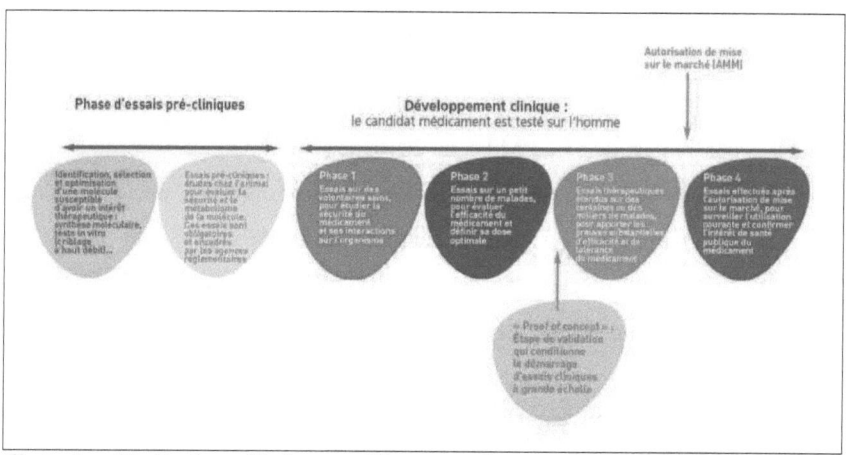

Illustration 17: De la molécule au médicament : les grandes étapes du développement (modifié d'après www.gsk.fr).

Les chiffres généralement cités pour un médicament sont : 10 000 molécules identifiées, 10 brevetées, 1 médicament et 10 ans de recherche et développement pour l'ensemble des étapes reprises par l'Illustration 17. Ce processus nécessite donc des efforts d'investissement à moyen et long terme.

Selon l'industrie pharmaceutique, la mise au point d'une nouvelle molécule représente un investissement de près de 1 milliard d'euros, coût qui aurait été multiplié par 10 en 20 ans (LEEM 2006). Cependant, il est difficile de chiffrer précisément le coût de développement d'un médicament. En effet, les médicaments qui arrivent sur le marché doivent générer des ressources permettant de rémunérer leur propre coût de développement mais également le coût des échecs intervenus à chaque phase du processus. La prise en compte du coût des échecs se fait selon trois paramètres : 1/ le rapport entre le nombre de molécules identifiées dans la phase de découverte et le nombre de molécules enregistrées sur le marché ; 2/ les montants investis ; 3/ le temps écoulé entre la prise de brevet pour la molécule et l'accès aux marchés remboursés. Ajoutons à cela un marché en perte de vitesse : aujourd'hui, seul 1 médicament sur 13 serait couronné de succès, contre 1 sur 8, il y a dix ans (LEEM 2012).

D'autres études font état d'un coût moyen de production des anticorps monoclonaux variant entre 650 et 750 millions de dollars (Mln$), pour un processus long de 8 à 9 ans. Ceci est particulièrement rédhibitoire pour les petites sociétés de biotechnologies et favorise les grands groupes pharmaceutiques et leur importante capacité financière, et freine de fait l'entrée de nouveaux acteurs sur le marché. En effet le processus de production est complexe, met en jeu des essais cliniques et des matériaux chimiques et biologiques coûteux, et nécessite la mise en place de tests de qualité, efficaces et sûrs (Frost & Sullivan 2012).

Les coûts de développement dépendent des technologies employées pour la production de l'Ac car la plupart sont brevetées et nécessitent donc de coûteux accords de licence. Les essais cliniques représentent également un important investissment, en particulier la phase 3 qui évalue le service médical rendu (SMR). En effet, elle nécessite l'enrôlement et le traitement d'un nombre important de patients, le suivi de nombreux paramètres cliniques et biologiques, ce qui demande des structures et du personnel. Souvent de petites entreprises ayant développé un produit prometteur choisissent de s'associer avec des entreprises d'envergure pour financer ces essais cliniques et envisager la commercialisation à grande échelle, car la mise en place d'une unité de production est hautement réglementée et soumise à des contrôles permanents afin d'assurer la qualité pharmaceutique du produit.

Il est intéressant de noter que les coûts de développement annoncés par l'industrie pharmaceutique sont sujets à controverse. En effet, la revue Prescrire en 2003 (La Revue Prescrire 2003), puis le journal allemand Arznei-Telegramm, relayé par le site internet Pharmacritique (Pasca 2011) en 2011 dénoncent le mode de calcul peu transparent utilisé. Le montant indiqué de 802 Mln$ a été publié en 2001 par un institut des Etats-Unis qui se décrit comme indépendant, bien que deux tiers de ses financements proviennent de sources liées à l'industrie. Les critères et fondements de ce calcul qui n'ont été publiés qu'en 2003 sont basés sur les indications confidentielles données par dix firmes et la publication qui en fait état ne mentionne pas les noms des firmes respectives, ni celui des produits ou encore les montants concrets investis dans leur développement et pris en compte dans l'évaluation. Rien n'indique si les données reçues ont été vérifiées par les meneurs de l'étude.

En 2009, des médecins et des économistes de la santé états-uniens indépendants ont fait un contre calcul, en évaluant les coûts de développement de deux vaccins contre les rotavirus Rotarix® et Rotateq®. Pour le développement de ces vaccins, les fabricants ont bénéficié de travaux préliminaires considérables menés par des institutions publiques, mais ils ont dû financer des évaluations cliniques d'une amplitude inhabituelle sur plus de 60.000 enfants afin d'évaluer le risque d'invaginations intestinales, qui avaient précédemment motivé le retrait d'un vaccin du même type. Les auteurs mentionnent les estimations de coût les plus basses et les plus élevées pour chacune des étapes de la phase I à la phase III et arrivent à des dépenses totales allant de 128 à 192 Mln$ pour le Rotarix® et de 137 à 206 Mln$ pour le Rotateq®. L'étude conclut en estimant que les firmes devraient amortir ces dépenses – et même dégager un bénéfice – au bout d'une seule année de commercialisation de ces vaccins (Light et al. 2009).

Les chiffres donnés par l'industrie sont souvent majorés par l'intégration dans le calcul d'un manque à gagner supposé, engendré par l'investissement de l'argent dans la R&D plutôt que sur un placement bancaire à forte rentabilité, et par la non-prise en compte des déductions fiscales qui leur sont accordées. De plus, la majorité des produits sur le marché proviennent soit de petites structures qui supportent les coûts initiaux de développement et concluent ensuite des accords de licence avec ces grands groupes pharmaceutiques, pour les raisons évoquées plus haut, soit sont des nouvelles variantes de molécules déjà commercialisées. En ignorant ces paramètres, le calcul aboutit à des coûts moyens de développement de l'ordre de 58,7 Mln$ et d'une valeur médiane de 43,4 Mln$ (basé sur le cours moyen de l'année 2000), la valeur médiane étant plus proche de la réalité. Soit un dix-huitième des chiffres annoncés.

L'hypothèse des auteurs est que l'argent est majoritairement dépensé dans des postes moins avouables : le marketing, la promotion, les publicités plus ou moins directes, le lobbying et le financement de divers moyens d'influence. Car dans l'industrie pharmaceutique comme dans la majorité des industries, il existe une tendance croissante à la délocalisation : la production, l'achat de matières premières, mais aussi certains essais cliniques se font de plus en plus dans des pays pauvres ou en développement.

Enfin, un accord passé avec le ministère de la recherche vise à ouvrir les bases de données publiques aux industries pharmaceutiques (Sachwald 2008), prétendant inventer un autre modèle par la mise en commun des ressources : bases de données, biobanques, tumorothèques, plateformes techniques. En réalité beaucoup de médicaments qui induisent des chiffres d'affaires très élevés ont été développés grâce à des subventions publiques et dans la majorité des cas, ce sont des recherches universitaires qui ont posé les fondements décisifs. Pourtant, la part d'investissements publics dans de tels médicaments n'apparaît pas de façon transparente dans les données sur les coûts de développement et la présence de cet argent public n'entraîne aucune baisse du prix de ces médicaments.

L'exemple de la zidovudine (Retrovir® ; AZT), nucléoside inhibiteur de la transcriptase inverse, est intéressant. Ce médicament est issu pour l'essentiel de la recherche publique et les preuves décisives de son effet anti-SIDA ont été apportées par le National Cancer Institute (NCI) des Etats-Unis. A la suite de ces preuves, la firme Burroughs Wellcome a breveté cette molécule et obtenu, après de brefs tests cliniques, l'autorisation de commercialiser l'AZT comme le premier médicament anti-SIDA. Le président d'alors a pourtant affirmé que Burroughs Wellcome avait découvert et intégralement développé cette molécule, affirmation que les chercheurs des institutions publiques qui avaient démontré l'activité de la molécule ont dû démentir (Pasca 2011). En conclusion, une étude du National Bureau of Economic Affairs américain a montré que 14 des 21 médicaments majeurs sur le marché entre 1965 et 1992 avaient bénéficié de financements publics pour leur R&D et une autre étude, réalisée par le National Institute of Health, a également montré que la recherche publique avait joué un rôle déterminant dans la R&D des 5 médicaments les plus vendus dans le monde en 1995 (La Revue Prescrire 2003).

3. La législation

a. Définition d'un anticorps monoclonal

Le Code de la Santé Publique définit comme "Médicament biologique, tout médicament dont la substance active est produite à partir d'une source biologique ou en est extraite et dont la caractérisation et la détermination de la qualité nécessitent une combinaison d'essais physiques, chimiques et biologiques ainsi que la connaissance de son procédé de fabrication et de son contrôle" (Code de la santé publique 2000). Les dispositions légales à respecter pour la production et la mise sur le marché de ces produits de santé sont fixées au niveau communautaire par l'European Medicines Agency (EMA, anciennement EMEA).

Selon l'EMA "les anticorps monoclonaux sont des immunoglobulines de spécificité donnée, dérivées d'une lignée cellulaire monoclonale. Leur activité biologique est caractérisée par la capacité de se fixer à un ligand et peut dépendre d'une fonction effectrice immunitaire." L'agence liste également les technologies par lesquelles ces Ig peuvent être obtenues (EMEA 2009).

Les recommandations de l'EMA "concernent les questions de sécurité dans le cadre de l'Autorisation de Mise sur le Marché (AMM ou Marketing Authorisation en anglais) des Acm dérivés d'une lignée cellulaire monoclonale, et prévus pour un usage thérapeutique et prophylactique (y compris *ex vivo*), ainsi que le diagnostic *in vivo*. [Elles concernent] également les produits dérivés d'anticorps, tels que les fragments, conjugués et les protéines de fusion." Ces dispositions comportent 4 parties : le développement, la production, les spécifications et la caractéristion des

Acm. Elles encadrent les étapes critiques et les contrôles nécessaires pour garantir la qualité pharmaceutique du produit et s'appuient sur la Pharmacopée Européenne ainsi que sur les normes édictées par l'International Conference on Harmonisation of Technical Requirements for Registration of Pharmaceuticals for Human Use (ICH, www.ich.org/). La Pharmacopée Européenne comprend une monographie "Anticorps monoclonaux pour usage humain (2031)" qui s'applique aux Acm, y compris conjugués, à usage thérapeutique, prophylactique ou destinés au diagnostic *in vivo*.

b. Recommandations concernant le développement des Acm

L'Acm doit être finement caractérisé dans sa structure, son mécanisme d'action, son activité biologique, sa stabilité. Ses propriétés immunochimiques (affinité, réactivité croisée, isotype...) doivent être connues ainsi que sa fonction effectrice. L'agent immunogène utilisé doit également être caractérisé et la méthode d'immunisation documentée.

L'EMA précise qu'une prise en compte "minutieuse" du risque d'induire une réponse immunitaire chez les patients traités est nécessaire, "en particulier quand le produit ne présente pas une homologie forte avec les Ig humaines, ou lorsque des épitopes potentiellement immunogènes sont identifiés dans la structure, car ceci pourrait entraîner des effets indésirables et/ou modifier le potentiel thérapeutique". Un autre texte concerne particulièrement l'évaluation de l'immunogénicité d'Acm destinés à l'usage clinique *in vivo* (EMEA 2012).

La nature du "substrat cellulaire" producteur et ses modifications éventuelles doivent être décrites pour permettre d'évaluer l'identité et la pureté de la lignée cellulaire monoclonale. Ces recommandations sont retrouvées dans la Pharmacopée qui demande une documentation complète sur les "cellules sources" (partenaires de fusion, lymphocytes, cellules myélomateuses, cellules nourricières, cellules hôtes ; origine et caractéristiques de la cellule parentale, état de santé des donneurs ; dépistage d'agents étrangers ou endogènes) (Pharmacopée Européenne 01/2012:2031 "Anticorps monoclonaux pour usage humain").

La Pharmacopée précise que les Acm peuvent être "obtenus à partir de LB immortalisés, clonés et multipliés sous forme de lignées cellulaires continues, ou à partir de lignées cellulaires ayant fait l'objet d'une recombinaison génétique". Dans ce dernier cas, les lignées cellulaires modifiées par la méthode de l'ADN recombinant satisfont également aux exigence de la monographie "Produits obtenus par la méthode dite de l'ADN recombinant (0784)".

Lors du passage en production, la "lignée cellulaire productrice" doit être décrite et testée de manière extrèmement complète : historique de la lignée (procédures de fusion, immortalisation, transfection, clonage) ; caractérisation (phénotype, analyse immunoenzymatique, marqueurs immunochimiques, marqueurs cytogénétiques) ; caractérisation des propriétés de l'Ac ; uniformité de la qualité de l'Ac ; pour les produits recombinants, la séquence codante contenue dans le vecteur d'expression doit être reproductible lors de la culture des cellules.

c. Recommandations pour la production

Pour l'EMA, le Procédé de fabrication doit être "suffisamment décrit et validé". Il doit permettre de générer des produits de qualité constante, avec une stratégie de contrôle adaptée ; la démonstration des performances de chaque unité opérationnelle doit être réalisée, et vérifiée par des contrôles en cours de fabrication.

La méthode de production est développée et validée pour prévenir la transmission d'agents infectieux par le produit final : les matériels biologiques et cellules utilisées sont encadrés par le chapitre "5.2.8. Réduction du risque de transmission des agents des encéphalopathies spongiformes animales par les médicaments à usage humain et vétérinaire", et dans le cas de matières d'origine humaine ou animale par le chapitre "5.1.7. Sécurité virale" (Pharmacopée Européenne 01/2012:2031 "Anticorps monoclonaux pour usage humain").

Le procédé de production doit être validé selon les points repris dans l'Illustration 18 :

Validation du procédé. Au cours des études de développement, le procédé de production est validé pour les aspects suivants :
- régularité du procédé de production, notamment des méthodes de culture cellulaire/fermentation, de purification et, dans les cas appropriés, de fragmentation,
- élimination ou inactivation des agents infectieux,
- élimination adéquate des impuretés associées au produit et au procédé (par exemple protéines et ADN de la cellule hôte, protéine A, antibiotiques, composants des cultures cellulaires),
- spécificité et activité biologique de l'anticorps monoclonal,
- dans les cas appropriés, absence de pyrogènes autres que des endotoxines,
- réutilisabilité des composants intervenant dans la purification (par exemple colonnes), avec limites ou critères d'acceptation établis en fonction de la validation,
- méthodes utilisées pour la conjugaison, dans les cas appropriés.

Illustration 18: Validation du procédé de production des Acm
(extrait de la Pharmacopée Européenne (2031))

La Pharmacopée Européenne précise que la production doit être basée sur un système de lots comprenant une banque de cellules primaire et une banque de cellules de travail dérivées des cellules clonées, concrètement, la lignée productrice est répartie en banques de cellules :

"La banque de cellules primaire est une suspension homogène de la lignée cellulaire productrice de l'Acm, répartie en volumes égaux dans des récipients individuels en une seule opération, pour conservation." et "La banque de cellules de travail est une suspension homogène du matériel cellulaire issu de la banque de cellules primaire à un niveau de passage fini, répartie en volumes égaux dans des récipients individuels en une seule opération, pour conservation." Ces banques doivent satisfaire à des essais de viabilité, d'identité, d'absence de contamination bactérienne, fongique, mycoplasmique et virale, l'Acm produit doit être caractérisé (voir d.).

Les différents mode de production "à un niveau de passage fini (récolte unique)" ou "en culture continue (récolte multiple)" entraînent des procédures de contrôle différentes permettant de garantir à tout instant la qualité du produit. Enfin, la purification consiste en l'élimination ou l'inactivation des virus et agents infectieux et l'élimination des impuretés associées au produit et au procédé. Le procédé de purification permet d'obtenir un Acm purifié (substance active) de qualité et d'activité biologique reproductibles.

d. Caractérisation et spécifications

La caractérisation du produit reprend les propriétés décrites au b. : détermination des caractéristiques physico-chimiques et immunologiques, activité biologique, pureté, quantité de produit, impuretés et contaminants. L'Illustration 19 reprend les dispositions de la Pharmacopée à ce sujet.

> **Caractérisation du produit.** Le produit fait l'objet d'une caractérisation visant à réunir des informations adéquates comprenant : l'intégrité structurelle, l'isotype, la séquence des acides aminés, la structure secondaire, la fraction glucidique, les ponts disulfure, la conformation, la spécificité, l'affinité, l'activité biologique et l'hétérogénéité (caractérisation des isoformes).
>
> Un ensemble de techniques analytiques appropriées incluant des méthodes chimiques, physiques, immunochimiques et biologiques (par exemple cartographie peptidique, séquençage N-terminal et C-terminal, spectrométrie de masse, techniques chromatographiques, électrophorétiques et spectroscopiques) est utilisé. Des essais complémentaires sont effectués pour recueillir des informations sur la réactivité croisée avec des tissus humains.
>
> Dans le cas des produits modifiés par fragmentation ou conjugaison, l'influence des méthodes utilisées sur l'anticorps est caractérisée.

Illustration 19: Dispositions concernant la caractérisation des Acm
(Pharmacopée Européenne (2031))

La spécification demandée et décrite par l'EMA correspond à une partie de la stratégie de contrôle qui est destinée à assurer la qualité et la conformité du produit. Elle concerne notamment son identité (structure moléculaire par exemple) basée sur plusieurs tests discriminants ; son taux de pureté et l'identification des impuretés (produits tronqués, dissociés, polymérisés) ; des tests de glycosylation : structure et quantification des différents sucres présents ; de puissance : mesure quantitative de l'activité biologique, reflet de l'activité en clinique ; de quantité (contenu protéique en masse), d'apparence, de solubilité, de pH, de stérilité, la présence d'endotoxines... Elle précise les méthodes de séparation (chromatographie, électrophorèse) et de quantification.

La Pharmacopée Européenne reprend ces spécifications sous la forme d'essais à réaliser sur la substance active.

> **SUBSTANCE ACTIVE**
>
> Les essais à effectuer sur la substance active dépendent de la validation du procédé, de la démonstration de sa régularité et de la teneur attendue en impuretés associées au produit et au procédé. La substance active fait l'objet d'essais portant sur son aspect, son identité, sa charge microbienne, sur la recherche d'endotoxines bactériennes, de substances associées au produit et d'impuretés associées au produit ou au procédé, comprenant des recherches des protéines issues de la cellule hôte et d'ADN du vecteur ou de la cellule hôte, ainsi que sur son intégrité structurelle, sa teneur en protéines et son activité biologique ; ces essais sont effectués par des méthodes analytiques appropriées, si nécessaire avec comparaison à la préparation de référence. Lorsque la substance active est un anticorps conjugué ou transformé, des essais appropriés doivent être effectués avant et après la conjugaison/modification.
>
> S'il est prévu de stocker des intermédiaires, la stabilité de ces préparations et son impact sur la qualité ou la durée de conservation du produit fini sont évalués.

Illustration 20: Essais à réaliser sur la substance active
(extrait de la Pharmacopée Européenne (2031))

Une préparation de référence est utilisée lors des différents tests demandés, elle correspond à un lot de produit dont la stabilité et les caractéristiques ont été préalablement établies.

Enfin, la Pharmacopée conclut en décrivant les essais à réaliser sur la préparation finale, et qui consistent en des contrôles d'aspect, de solubilité, de stérilité, de pH, de concentration et de pureté, destinés à garantir la sécurité d'administration, ainsi que d'identité moléculaire et d'intégrité structurelle, permettant d'assurer l'activité clinique du produit.

VI. Conclusion et perspectives

L'évolution des technologies de synthèse des anticorps ont entraîné de nombreuses innovations pour accroître la sécurité, l'efficacité et le champ d'application. Les indications se sont ainsi diversifiées, ainsi que les formats et les structures de ces anticorps, permettant une adaptation fine des propriétés thérapeutiques et pharmacocinétiques.

De plus, l'extension de leur utilisation en imagerie permettrait un diagnostic fiable et extrêmement précis de tout type de pathologie pour laquelle il est possible d'identifier un marqueur spécifique. Certaines équipes ont même proposé de combiner la localisation en imagerie diagnostique à une activité thérapeutique inductible.

Enfin, l'intérêt plus récent de la recherche pour les anticorps intracellulaires, ou intrabodies, réveille d'incroyables espoirs pour le traitement de pathologies contre lesquelles toutes les approches s'étaient jusque là révélées impuissantes. Il s'agit d'une nouvelle étape dans la plongée vers l'infiniment petit, qui permet de cibler de manière très spécifique une protéine à l'intérieur même de la cellule qui la produit.

Les anticorps thérapeutiques nouvellement approuvés ou en passe de l'être sont majoritairement humanisés ou humains. Les technologies disponibles pour produire des anticorps entièrement humains sont le phage display et les souris transgéniques.

La technique du phage display présente l'avantage d'un répertoire plus étendu, et qui peut-être adapté en fonction de l'anticorps recherché (répertoire naïf, immun, auto-immun). Cependant, ce vaste répertoire était jusqu'à présent amputé par des méthodes de sélection fastidieuses qui ne permettaient de conserver qu'un nombre très limité de particules. Par exemple à l'heure actuelle la comparaison de clones peut être faite par l'analyse de leurs profils de restriction, pour 100 à 200 clones seulement, à comparer aux 10^6 particules récupérées lors du dernier round de sélection.

Les nouvelles méthode de séquençage haut-débit (SHD) devraient permettre de mettre fin à cette limitation. La technologie Illumina, par exemple, est aujourd'hui la mieux adaptée au séquençage des Ac avec une longueur de lecture de 200 pb (paires de bases), et 10^6 lectures par séquence. Ce nombre de lectures important permet de discriminer une erreur de lecture et une mutation ponctuelle de l'ADN, ce qui est très important pour les Ac dont la spécificité dépend, par définition, d'une série de mutations. En comparaison avec le séquençage classique, par la méthode de Sanger, les technologies SHD permettent de séquencer les banques de manière bien plus étendue mais également plus fine.

Ravn et Gueneau ont ainsi contrôlé la composition d'une banque de phage-Ac avant, pendant et après sélection *in vitro*. Cette méthode a permis de suivre l'enrichissement de la banque et d'éviter la perte de clones d'intérêt faiblement représentés qui n'auraient pas été sélectionnés par la méthode habituelle (Ravn et al. 2010). Le SHD facilite le « contrôle qualité » des banques de phages, car la bonne couverture des séquences et le grand nombre de lectures permet de s'assurer que l'enrichissement est spécifique de la sélection et non pas dû à une abondance relative supérieure de certains clones au départ (Ravn et al. 2013).

Les études de « preuve de concept » de cette technique émergente ont été réalisées chez la souris, modèle facilement manipulable et dont l'immunisation est efficace.

Reddy et son équipe ont proposé qu'il était possible d'éliminer totalement l'étape de screening de la banque (Reddy et al. 2010). Après immunisation des souris et extraction des cellules B, les V_H et V_L ont été séquencés et analysés. Les V_H et V_L les plus abondants ont été appariés et exprimés sans screening préalable ; la grande majorité des scFv obtenus présentaient une forte spécificité pour l'Ag.

D'autre part, Schwimmer et ses collègues ont proposé la construction de banques humaines naïves de scFv et Fab pour le phage display ; celles-ci ont pu être finement caractérisées grâce au SHD. Ces banques présentaient une grande fidélité au répertoire naturel des Ig humaines : nombre d'ORF (open reading frame, c'est-à-dire les gènes pouvant être effectivement traduits) et pourcentage d'expression, distribution des familles de gènes V, longueur des $CDR3_H$ et composition en AA (Schwimmer et al. 2013). D'un point de vue fonctionnel, ces banques ont permis de générer au moins un fragment d'Ac spécifique et de haute affinité pour chacune des cibles testées.

Le SHD est en passe de devenir la méthode d'analyse de choix pour un grand nombre d'applications, dans divers champs de la biologie ; cependant, la gigantesque quantité d'informations générée nécessite le développement d'outils d'analyse plus performants, à même de gérer ces données (Ravn et al. 2013; Benichou et al. 2012).

In vivo, ces méthodes ouvrent la possibilité de comprendre la diversité du répertoire des Ig, la sélection et les réarrangements des gènes germinaux. Le suivi en clinique de la composition du répertoire immun permettrait de mieux comprendre la réponse immune, d'adapter les stratégies de diagnostic et de traitement, de découvrir de nouveaux marqueurs biologiques. Le SHD, couplé aux méthodes modernes de protéomique et de métabolomique, nous rapproche de l'ère de la médecine personnalisée (Reddy & Georgiou 2011; Benichou et al. 2012).

Index bibliographique

Amgen, 2006. Amgen - Media - News Release. Available at: http://wwwext.amgen.com/media/media_pr_detail.jsp?year=2006&releaseID=837754 [Accessed June 27, 2015].

Barbas, C.F. et al., 1991. Assembly of combinatorial antibody libraries on phage surfaces: the gene III site. *Proceedings of the National Academy of Sciences of the United States of America*, 88(18), pp.7978–7982. Available at: http://www.ncbi.nlm.nih.gov/pmc/articles/PMC52428/ [Accessed June 27, 2015].

Barbet, J., Chatal, J.-F. & Kraeber-Bodéré, F., 2009. Les anticorps radiomarqués pour le traitement des cancers. *médecine/sciences*, 25(12), pp.1039–1045. Available at: http://www.medecinesciences.org/10.1051/medsci/200925121039 [Accessed June 27, 2015].

Barbié, V. & Lefranc, M.-P., 1998. The Human Immunoglobulin Kappa Variable (IGKV) Genes and Joining (IGKJ) Segments. *Experimental and Clinical Immunogenetics*, 15(3), pp.171–183. Available at: http://www.karger.com/doi/10.1159/000019068 [Accessed June 27, 2015].

Bardel, M. et al., 2005. Mammifere non-humain transgenique pour la region constante de la chaine lourde des immunoglobulines humaines de classe a et ses applications. Available at: http://www.google.com/patents/WO2005047333A1 [Accessed June 27, 2015].

Batteux, F. et al., Les Immunoglobulines : Structure et fonctions. , pp.1–10.

Beck, A. et al., 2009. Anticorps thérapeutiques et dérivés : une palette de structures pour une pléthore d'indications: Quel format et quelle glycosylation choisir ? Pour quelles applications ? *médecine/sciences*, 25(12), pp.1024–1032. Available at: http://www.medecinesciences.org/10.1051/medsci/200925121024 [Accessed June 28, 2015].

Beliard, R. et al., 2012. Monoclonal antibodies with enhanced adcc function. Available at: http://www.google.com.ar/patents/US20120259095 [Accessed July 12, 2015].

Benichou, G. et al., 2011. Immune recognition and rejection of allogeneic skin grafts. *Immunotherapy*, 3(6), pp.757–770. Available at: http://www.ncbi.nlm.nih.gov/pmc/articles/PMC3738014/ [Accessed June 27, 2015].

Benichou, J. et al., 2012. Rep-Seq: uncovering the immunological repertoire through next-generation sequencing. *Immunology*, 135(3), pp.183–191. Available at: http://onlinelibrary.wiley.com.gate1.inist.fr/doi/10.1111/j.1365-2567.2011.03527.x/abstract [Accessed June 27, 2015].

Berche, P., 2007. *L'histoire des microbes*, Paris: John Libbey Eurotext.

Bohineust, A., 2012. France : en 2012, les ventes de médicaments reculeront. Available at: http://www.lefigaro.fr/societes/2012/03/29/20005-20120329ARTFIG00715-france-en-2012-les-ventes-de-medicaments-reculeront.php [Accessed June 27, 2015].

Brekke, O.H. & Sandlie, I., 2003. Therapeutic antibodies for human diseases at the dawn of the twenty-first century. *Nature Reviews Drug Discovery*, 2(1), pp.52–62. Available at: http://www.nature.com.gate1.inist.fr/nrd/journal/v2/n1/full/nrd984.html [Accessed July 11, 2015].

Brüggemann, M. et al., 1989. A repertoire of monoclonal antibodies with human heavy chains from transgenic mice. *Proceedings of the National Academy of Sciences of the United States of America*, 86(17), pp.6709–6713. Available at: http://www.ncbi.nlm.nih.gov/pmc/articles/PMC297915/ [Accessed June 27, 2015].

Cardinale, A. & Biocca, S., 2008. The potential of intracellular antibodies for therapeutic targeting of protein-misfolding diseases. *Trends in Molecular Medicine*, 14(9), pp.373–380. Available at: http://www.sciencedirect.com/science/article/pii/S1471491408001500 [Accessed June 27, 2015].

Chothia, C. et al., 1989. Conformations of immunoglobulin hypervariable regions. *Nature*, 342(6252), pp.877–883. Available at: http://www.nature.com.gate1.inist.fr/nature/journal/v342/n6252/abs/342877a0.html [Accessed June 27, 2015].

Code de la santé publique, 2000. Code de la santé publique - Article L5121-1.

Cogne, M. et al., 2009. Transgenic mice for the c gamma gene human class-g immunoglobulins. Available at: http://www.google.com.ar/patents/WO2009106773A3 [Accessed June 27, 2015].

Czajkowsky, D.M. et al., 2012. Fc-fusion proteins: new developments and future perspectives. *EMBO Molecular Medicine*, 4(10), pp.1015–1028. Available at: http://embomolmed.embopress.org/content/4/10/1015 [Accessed June 27, 2015].

D'Orsogna, L.J. et al., 2013. Endogenous-peptide-dependent alloreactivity: new scientific insights and clinical implications. *Tissue Antigens*, 81(6), pp.399–407. Available at: http://onlinelibrary.wiley.com.gate1.inist.fr/doi/10.1111/tan.12115/abstract [Accessed June 28, 2015].

Dall'acqua, W. et al., 2008. Modulation of antibody effector function by hinge domain engineering. Available at: http://www.google.ga/patents/EP1874816A2 [Accessed July 12, 2015].

Defrance, T. et al., 1988. Human recombinant IL-4 induces activated B lymphocytes to produce IgG and IgM. *The Journal of Immunology*, 141(6), pp.2000–2005. Available at: http://www.jimmunol.org/content/141/6/2000 [Accessed June 28, 2015].

Deramchia, K. et al., 2012. New human antibody fragments homing to atherosclerotic endothelial and subendothelial tissues: An in vivo phage display targeting human antibodies homing to atherosclerotic tissues. *American Journal of Pathology*, 180(6), pp.2576–2589.

Dinarello, C.A., 1990. The pathophysiology of the pro-inflammatory cytokines. *Biotherapy (Dordrecht, Netherlands)*, 2(3), pp.189–191. Available at: http://www.ncbi.nlm.nih.gov/pubmed/2206771.

Les Echos, 2010. L'industrie pharmaceutique parie sur les anticorps monoclonaux. Available at: http://www.lesechos.fr/22/01/2010/LesEchos/20599-046-ECH_l-industrie-pharmaceutiqueparie-sur-les-anticorps-monoclonaux.htm [Accessed July 15, 2015].

EMEA, 2009. Guideline on Development, Production, Characterisation and Specifications for Monoclonal Antibodies and Related Products. , (December 2008), p.6.

EMEA, 2012. Public summary of opinion on orphan designation Pagibaximab for the prevention of sepsis caused by Gram-positive pathogens in premature infants less than or equal to 34 weeks of gestational age. , 44(February), pp.1–6.

Esser, C. & Radbruch, A., 1990. Immunoglobulin Class Switching: Molecular and Cellular Analysis. *Annual Review of Immunology*, 8(1), pp.717–735. Available at: http://dx.doi.org/10.1146/annurev.iy.08.040190.003441 [Accessed June 28, 2015].

Fougereau, M., 2009. Les anticorps monoclonaux : un fantastique arsenal thérapeutique en plein devenir. *médecine/sciences*, 25(12), pp.997–998. Available at: http://www.medecinesciences.org/10.1051/medsci/20092512997 [Accessed July 17, 2015].

Frost & Sullivan, 2012. Frost & Sullivan prévoit la croissance du marché des anticorps monoclonaux thérapeutiques en France et en Europe. Available at: http://www.frost.com/prod/servlet/press-release.pag?docid=269433961 [Accessed June 28, 2015].

Green, L.L. et al., 1994. Antigen–specific human monoclonal antibodies from mice engineered with human Ig heavy and light chain YACs. *Nature Genetics*, 7(1), pp.13–21. Available at: http://www.nature.com.gate1.inist.fr/ng/journal/v7/n1/abs/ng0594-13.html [Accessed July 5, 2015].

Guillot-Chene, P., Lebecque, S. & Rigal, D., 2009. Vers une maîtrise industrielle du clonage des lymphocytes B humains pour la fabrication des anticorps monoclonaux issus du répertoire humain. *Annales Pharmaceutiques Françaises*, 67(3), pp.182–186. Available at: http://linkinghub.elsevier.com/retrieve/pii/S000345090900042X [Accessed July 5, 2015].

Haeuw, J.-F., Caussanel, V. & Beck, A., 2009. Les immunoconjugués, anticorps « armés » pour combattre le cancer. *médecine/sciences*, 25(12), pp.1046–1052. Available at: http://www.medecinesciences.org/10.1051/medsci/200925121046 [Accessed July 5, 2015].

Hamers-Casterman, C. et al., 1993. Naturally occurring antibodies devoid of light chains. *Nature*, 363(6428), pp.446–448. Available at: http://www.ncbi.nlm.nih.gov.gate1.inist.fr/pubmed/?term=Hamers-+Casterman+C+1993+Naturally+occurring+antibodies+devoid+of+light+chains.+Nature,+363+pp.446-448 [Accessed July 9, 2015].

Holliger, P. & Hudson, P.J., 2005. Engineered antibody fragments and the rise of single domains. *Nature Biotechnology*, 23(9), pp.1126–1136. Available at: http://www.nature.com.gate1.inist.fr/nbt/journal/v23/n9/abs/nbt1142.html [Accessed July 18, 2015].

Hoogenboom, null, Henderikx, null & de Haard H, null, 1998. Creating and engineering human antibodies for immunotherapy. *Advanced Drug Delivery Reviews*, 31(1-2), pp.5–31. Available at: http://www.ncbi.nlm.nih.gov/pubmed/10837615.

Igawa, T. et al., 2011. Antibodies with modified affinity to fcrn that promote antigen clearance. Available at: http://www.google.ga/patents/WO2011122011A2 [Accessed June 27, 2015].

Jacobin-Valat, M.J. et al., 2011. MRI of inducible P-selectin expression in human activated platelets involved in the early stages of atherosclerosis. *NMR in Biomedicine*, 24(4), pp.413–424.

Jacobson, J.M. et al., 2010. Anti-HIV-1 activity of weekly or biweekly treatment with subcutaneous PRO 140, a CCR5 monoclonal antibody. *The Journal of Infectious Diseases*, 201(10), pp.1481–1487. Available at: http://www.ncbi.nlm.nih.gov/pubmed/20377413.

Jakobovits, A. et al., 2007. From XenoMouse technology to panitumumab, the first fully human antibody product from transgenic mice. *Nature Biotechnology*, 25(10), pp.1134–1143. Available at: http://www.ncbi.nlm.nih.gov/pubmed/17921999.

Jones, P.T. et al., 1986. Replacing the complementarity-determining regions in a human antibody with those from a mouse. *Nature*, 321(6069), pp.522–525. Available at: http://www.ncbi.nlm.nih.gov/pubmed/3713831.

Kettleborough, C.A. et al., 1991. Humanization of a mouse monoclonal antibody by CDR-grafting: the importance of framework residues on loop conformation. *Protein Engineering*, 4(7), pp.773–783. Available at: http://www.ncbi.nlm.nih.gov/pubmed/1798701.

Khaw, B.-A., Petrov, A. & Narula, J., 1999. Complementary roles of antibody affinity and specificity for in vivo diagnostic cardiovascular targeting: How specific is antimyosin for irreversible myocardial damage? *Journal of Nuclear Cardiology*, 6(3), pp.316–323. Available at: http://link.springer.com.gate1.inist.fr/article/10.1016/S1071-3581%2899%2990044-2 [Accessed June 27, 2015].

Klinguer-Hamour, C., Caussanel, V. & Beck, A., 2009. Anticorps thérapeutiques et maladies infectieuses. *médecine/sciences*, 25(12), pp.1116–1120. Available at: http://www.medecinesciences.org/10.1051/medsci/200925121116 [Accessed July 13, 2015].

Kodama, T. et al., 2012. Streptavidin having low immunogenicity and use thereof. Available at: http://www.google.com.ar/patents/US20120039879 [Accessed July 12, 2015].

Köhler, G. & Milstein, C., 1975. Continuous cultures of fused cells secreting antibody of predefined specificity. *Nature*, 256(5517), pp.495–497. Available at: http://www.ncbi.nlm.nih.gov/pubmed/1172191.

Kwon, Y.-C. et al., 2011. Development of a surface plasmon resonance-based immunosensor for the rapid detection of cardiac troponin I. *Biotechnology Letters*, 33(5), pp.921–927. Available at: http://www.ncbi.nlm.nih.gov/pubmed/21207113.

Lanzavecchia, A., Corti, D. & Sallusto, F., 2007. Human monoclonal antibodies by immortalization of memory B cells. *Current Opinion in Biotechnology*, 18(6), pp.523–528. Available at: http://www.sciencedirect.com/science/article/pii/S0958166907001334 [Accessed July 11, 2015].

Lee, C.H. et al., 2007. Expression and characterization of human growth hormone-Fc fusion proteins for transcytosis induction. *Biotechnology and Applied Biochemistry*, 46(Pt 4), pp.211–

217. Available at: http://www.ncbi.nlm.nih.gov/pubmed/17067288.

LEEM, 2006. Le brevet et la marque, deux précieux sésames. Available at: http://www.leem.org/article/brevet-marque-deux-precieux-sesames-0 [Accessed July 15, 2015].

LEEM, 2012. Quel est le cout du développement d'un médicament? , (1), p.2012.

Lefranc, M.-P., IMGT Education. Available at: http://www.imgt.org/IMGTeducation/ [Accessed July 9, 2015].

Lefranc, M.-P. et al., 2015. IMGT(R), the international ImMunoGeneTics information system(R). *Nucleic Acids Research*, 43(D1), pp.D413–D422. Available at: http://nar.oxfordjournals.org/lookup/doi/10.1093/nar/gku1056 [Accessed July 9, 2015].

Lemaitre, B. et al., 1996. The Dorsoventral Regulatory Gene Cassette spätzle/Toll/cactus Controls the Potent Antifungal Response in Drosophila Adults. *Cell*, 86(6), pp.973–983. Available at: http://www.cell.com/article/S0092867400801725/abstract.

Light, D.W., Andrus, J.K. & Warburton, R.N., 2009. Estimated research and development costs of rotavirus vaccines. *Vaccine*, 27(47), pp.6627–6633. Available at: http://www.ncbi.nlm.nih.gov/pubmed/19665605.

Liu, M. et al., 2008. A novel bivalent single-chain variable fragment (scFV) inhibits the action of tumour necrosis factor alpha. *Biotechnology and Applied Biochemistry*, 50(Pt 4), pp.173–179. Available at: http://www.ncbi.nlm.nih.gov/pubmed/18047471.

Lobato, M.N. & Rabbitts, T.H., 2003. Intracellular antibodies and challenges facing their use as therapeutic agents. *Trends in Molecular Medicine*, 9(9), pp.390–396. Available at: http://www.ncbi.nlm.nih.gov/pubmed/13129705.

Lonberg, N. et al., 1994. Antigen-specific human antibodies from mice comprising four distinct genetic modifications. *Nature*, 368(6474), pp.856–859. Available at: http://www.ncbi.nlm.nih.gov/pubmed/8159246.

Magdelaine-Beuzelin, C., Ohresser, M. & Watier, H., 2009. FcRn, un récepteur d'IgG aux multiples facettes. *médecine/sciences*, 25(12), pp.1053–1056. Available at: http://www.medecinesciences.org/10.1051/medsci/200925121053 [Accessed July 18, 2015].

Marasco, W.A., Haseltine, W.A. & Chen, S.Y., 1993. Design, intracellular expression, and activity of a human anti-human immunodeficiency virus type 1 gp120 single-chain antibody. *Proceedings of the National Academy of Sciences of the United States of America*, 90(16), pp.7889–7893. Available at: http://www.ncbi.nlm.nih.gov/pubmed/8356098.

McCafferty, J. et al., 1990. Phage antibodies: filamentous phage displaying antibody variable domains. *Nature*, 348(6301), pp.552–554. Available at: http://www.nature.com.gate1.inist.fr/nature/journal/v348/n6301/abs/348552a0.html [Accessed July 11, 2015].

Messer, A. & Joshi, S.N., 2013. Intrabodies as neuroprotective therapeutics. *Neurotherapeutics: The*

Journal of the American Society for Experimental NeuroTherapeutics, 10(3), pp.447–458. Available at: http://www.ncbi.nlm.nih.gov/pubmed/23649691.

Morea, V. et al., 1998. Conformations of the third hypervariable region in the VH domain of immunoglobulins1. *Journal of Molecular Biology*, 275(2), pp.269–294. Available at: http://www.sciencedirect.com/science/article/pii/S002228369791442X [Accessed July 9, 2015].

Moutel, S. & Perez, F., 2009. Utilisation des *intrabodies* : de l'étude des protéines intracellulaires à l'immunisation thérapeutique. *médecine/sciences*, 25(12), pp.1173–1176. Available at: http://www.medecinesciences.org/10.1051/medsci/200925121173 [Accessed July 15, 2015].

Natarajan, A. et al., 2008. Development of multivalent radioimmunonanoparticles for cancer imaging and therapy. *Cancer Biotherapy & Radiopharmaceuticals*, 23(1), pp.82–91. Available at: http://www.ncbi.nlm.nih.gov/pubmed/18298332.

Novotný, J. et al., 1986. Antigenic determinants in proteins coincide with surface regions accessible to large probes (antibody domains). *Proceedings of the National Academy of Sciences of the United States of America*, 83(2), pp.226–230. Available at: http://www.ncbi.nlm.nih.gov/pubmed/2417241.

Ortega, C. et al., 2013. High level prokaryotic expression of anti-Müllerian inhibiting substance type II receptor diabody, a new recombinant antibody for in vivo ovarian cancer imaging. *Journal of Immunological Methods*, 387(1-2), pp.11–20. Available at: http://www.ncbi.nlm.nih.gov/pubmed/22910001.

Ortega, C., 2012. *Ingénierie de fragments d'anticorps pour l'imagerie in vivo de cancers de la sphère génitale*. Paris XI. Available at: https://tel.archives-ouvertes.fr/tel-00766847 [Accessed July 13, 2015].

Pallarès, N. et al., 1999. The human immunoglobulin heavy variable genes. *Experimental and Clinical Immunogenetics*, 16(1), pp.36–60. Available at: http://www.ncbi.nlm.nih.gov/pubmed/10087405.

Pasca, E., 2011. Recherche et développement: 802 millions de dollars par médicament? Une fiction balayée par Arznei-Telegramm. Available at: http://pharmacritique.20minutes-blogs.fr/archive/2011/06/24/le-medicament-a-800-millions-de-dollars-un-mythe-balaye-par.html.

PipelineReview.com, 2013. Blockbuster Biologics 2012 | FREE Reports. Available at: http://www.pipelinereview.com/index.php/2013050850905/FREE-Reports/Blockbuster-Biologics-2012.html [Accessed July 15, 2015].

Porter, R.R., 1972. Structural studies of immunoglobulins. *Science*, 180(4087), pp.713–716. Available at: http://www.nobelprize.org/nobel_prizes/medicine/laureates/1972/porter-lecture.pdf [Accessed July 11, 2015].

Powell, J.S. et al., 2012. Safety and prolonged activity of recombinant factor VIII Fc fusion protein in hemophilia A patients. *Blood*, 119(13), pp.3031–3037. Available at: http://www.ncbi.nlm.nih.gov/pubmed/22223821.

Prin, L., Faure, G. & Carcelain, G., Structure et organisation générale du système immunitaire.

Queen, C.L. et al., 1997. Humanized immunoglobulins. Available at: http://www.google.com/patents/US5693762 [Accessed July 12, 2015].

Randall, T., 2009. Bristol-Myers Buys Medarex Drugmaker for $2.4 Billion (Update3) - Bloomberg. Available at: http://www.bloomberg.com/apps/news?pid=newsarchive&sid=aZWoVAXYGSgA [Accessed June 27, 2015].

Ravn, U. et al., 2010. By-passing in vitro screening--next generation sequencing technologies applied to antibody display and in silico candidate selection. *Nucleic Acids Research*, 38(21), p.e193. Available at: http://www.ncbi.nlm.nih.gov/pubmed/20846958.

Ravn, U. et al., 2013. Deep sequencing of phage display libraries to support antibody discovery. *Methods (San Diego, Calif.)*, 60(1), pp.99–110. Available at: http://www.ncbi.nlm.nih.gov/pubmed/23500657.

Reddy, S.T. et al., 2010. Monoclonal antibodies isolated without screening by analyzing the variable-gene repertoire of plasma cells. *Nature Biotechnology*, 28(9), pp.965–969. Available at: http://www.ncbi.nlm.nih.gov/pubmed/20802495.

Reddy, S.T. & Georgiou, G., 2011. Systems analysis of adaptive immunity by utilization of high-throughput technologies. *Current Opinion in Biotechnology*, 22(4), pp.584–589. Available at: http://www.ncbi.nlm.nih.gov/pubmed/21570821.

Reichert, J.M., 2013. Antibodies to watch in 2013. Mid-year update. *mAbs*, 5(4), pp.513–517. Available at: http://www.ncbi.nlm.nih.gov/pmc/articles/PMC3906304/ [Accessed July 13, 2015].

Reichert, J.M., 2011. Antibody-based therapeutics to watch in 2011. *mAbs*, 3(1), pp.76–99. Available at: http://www.ncbi.nlm.nih.gov/pubmed/21051951.

Reichert, J.M., 2013. Which are the antibodies to watch in 2013? *mAbs*, 5(1), pp.1–4. Available at: http://dx.doi.org/10.4161/mabs.22976 [Accessed July 13, 2015].

Reth, M., 1992. Antigen receptors on B lymphocytes. *Annual Review of Immunology*, 10, pp.97–121. Available at: http://www.ncbi.nlm.nih.gov/pubmed/1591006.

Reth, M. et al., 1991. The B-cell antigen receptor complex. *Immunology Today*, 12(6), pp.196–201. Available at: http://www.ncbi.nlm.nih.gov/pubmed/1878135.

La Revue Prescrire, 2003. Coût de recherche et développement du médicament : la grande illusion. Available at: http://www.prescrire.org/aLaUne/dossierCoutRecherche.php [Accessed July 15, 2015].

Rey, A., 2012. *Le Dictionnaire historique de la langue française*, Le Robert. Available at: http://www.directtextbook.com/isbn/9782321000679.

Riechmann, L. et al., 1988. Reshaping human antibodies for therapy. *Nature*, 332(6162), pp.323–327. Available at:

http://www.nature.com.gate1.inist.fr/nature/journal/v332/n6162/abs/332323a0.html [Accessed July 11, 2015].

Riechmann, L. & Muyldermans, S., 1999. Single domain antibodies: comparison of camel VH and camelised human VH domains. *Journal of Immunological Methods*, 231(1-2), pp.25–38. Available at: http://www.ncbi.nlm.nih.gov/pubmed/10648925.

Robert, R. et al., 2006. Identification of human scFvs targeting atherosclerotic lesions: Selection by single round in vivo phage display. *Journal of Biological Chemistry*, 281(52), pp.40135–40143.

Romagnani, S., 1991. Human TH1 and TH2 subsets: doubt no more. *Immunology Today*, 12(8), pp.256–257. Available at: http://www.sciencedirect.com/science/article/pii/016756999190120I [Accessed July 9, 2015].

Sachwald, F., 2008. Réseaux mondiaux d'innovation ouverte, systèmes nationaux et politiques publiques. *étude de la direction générale de la Recherche et de l'Innovation du Ministère de l'Enseignement supérieur et de la Recherche*, p.65. Available at: http://www.google.fr/url?sa=t&rct=j&q=reseaux_mondiaux_d_innovation_ouverte_60328&source=web&cd=3&ved=0CDQQFjAC&url=http%3A%2F%2Fmedia.enseignementsup-recherche.gouv.fr%2Ffile%2F2008%2F32%2F8%2Freseaux_mondiaux_d_innovation_ouverte_60328.pdf&ei=YRs1T9W1J-.

Schwimmer, L.J. et al., 2013. Discovery of diverse and functional antibodies from large human repertoire antibody libraries. *Journal of Immunological Methods*, 391(1-2), pp.60–71. Available at: http://www.ncbi.nlm.nih.gov/pubmed/23454004.

Silence, K., 2006. Single domain vhh antibodies against von willebrand factor. Available at: http://www.google.ga/patents/WO2006122825A2 [Accessed June 27, 2015].

Smith, G.P., 1985. Filamentous fusion phage: novel expression vectors that display cloned antigens on the virion surface. *Science (New York, N.Y.)*, 228(4705), pp.1315–1317. Available at: http://www.ncbi.nlm.nih.gov/pubmed/4001944.

Song, W.Y. et al., 1995. A receptor kinase-like protein encoded by the rice disease resistance gene, Xa21. *Science (New York, N.Y.)*, 270(5243), pp.1804–1806. Available at: http://www.ncbi.nlm.nih.gov/pubmed/8525370.

Staelens, S. et al., 2006. Humanization by variable domain resurfacing and grafting on a human IgG4, using a new approach for determination of non-human like surface accessible framework residues based on homology modelling of variable domains. *Molecular Immunology*, 43(8), pp.1243–1257. Available at: http://www.ncbi.nlm.nih.gov/pubmed/16118019.

Stas, P., Lasters, I. & française de Laure Coulombel, T., 2009. Immunogénicité de protéines d'intérêt thérapeutique: Les anticorps monoclonaux thérapeutiques. *médecine/sciences*, 25(12), pp.1070–1077. Available at: http://www.ncbi.nlm.nih.gov/pubmed/20035681 [Accessed July 13, 2015].

Stavenhagen, J. & Koenig, S., 2007. Engineering fc antibody regions to confer effector function.

Available at: http://www.google.ga/patents/EP1810035A2 [Accessed July 12, 2015].

Su, C., Nguyen, V.K. & Nei, M., 2002. Adaptive evolution of variable region genes encoding an unusual type of immunoglobulin in camelids. *Molecular Biology and Evolution*, 19(3), pp.205–215. Available at: http://www.ncbi.nlm.nih.gov/pubmed/11861879.

Taylor, L.D. et al., 1994. Human immunoglobulin transgenes undergo rearrangement, somatic mutation and class switching in mice that lack endogenous IgM. *International Immunology*, 6(4), pp.579–591. Available at: http://www.ncbi.nlm.nih.gov/pubmed/8018598.

Thaiss, C.A. et al., 2011. Chemokines: A New Dendritic Cell Signal for T Cell Activation. *Frontiers in Immunology*, 2. Available at: http://www.ncbi.nlm.nih.gov/pmc/articles/PMC3342358/ [Accessed July 9, 2015].

Umana, P., 2011. Glycosylation engineering of antibodies for improving antibody-dependent cellular cytotoxicity. Available at: http://www.google.com/patents/EP2261229A3 [Accessed July 5, 2015].

Watier, H., 2009. De la sérothérapie aux anticorps recombinants « nus »: Plus d'un siècle de succès en thérapie ciblée. *médecine/sciences*, 25(12), pp.999–1009. Available at: http://www.medecinesciences.org/10.1051/medsci/20092512999 [Accessed July 17, 2015].

Weisser, N.E. & Hall, J.C., 2009. Applications of single-chain variable fragment antibodies in therapeutics and diagnostics. *Biotechnology Advances*, 27(4), pp.502–520. Available at: http://www.ncbi.nlm.nih.gov/pubmed/19374944.

Welschof, M. et al., 1995. Amino acid sequence based PCR primers for amplification of rearranged human heavy and light chain immunoglobulin variable region genes. *Journal of Immunological Methods*, 179(2), pp.203–214. Available at: http://www.ncbi.nlm.nih.gov/pubmed/7876568.

Zhang, W. et al., 2005. Humanization of an anti-human TNF-alpha antibody by variable region resurfacing with the aid of molecular modeling. *Molecular Immunology*, 42(12), pp.1445–1451. Available at: http://www.ncbi.nlm.nih.gov/pubmed/15950738.

Zhou, Y. et al., 2012. A fully human CD19/CD3 bi-specific antibody triggers potent and specific cytotoxicity by unstimulated T lymphocytes against non-Hodgkin's lymphoma. *Biotechnology Letters*, 34(7), pp.1183–1191. Available at: http://www.ncbi.nlm.nih.gov/pubmed/22421972.

Zhu, Y. et al., 2011. Application of Fluolid-Orange-labeled probes for DNA microarray and immunological assays. *Biotechnology Letters*, 33(9), pp.1759–1766. Available at: http://www.ncbi.nlm.nih.gov/pubmed/21626418.

Zou, Y.R. et al., 1994. Cre-loxP-mediated gene replacement: a mouse strain producing humanized antibodies. *Current biology: CB*, 4(12), pp.1099–1103. Available at: http://www.ncbi.nlm.nih.gov/pubmed/7704573.

I want morebooks!

Buy your books fast and straightforward online - at one of the world's fastest growing online book stores! Environmentally sound due to Print-on-Demand technologies.

Buy your books online at
www.get-morebooks.com

Achetez vos livres en ligne, vite et bien, sur l'une des librairies en ligne les plus performantes au monde!
En protégeant nos ressources et notre environnement grâce à l'impression à la demande.

La librairie en ligne pour acheter plus vite
www.morebooks.fr

OmniScriptum Marketing DEU GmbH
Heinrich-Böcking-Str. 6-8
D - 66121 Saarbrücken
Telefax: +49 681 93 81 567-9

info@omniscriptum.com
www.omniscriptum.com

Printed by Books on Demand GmbH, Norderstedt / Germany